Francis COLLARD

Traduit de l'original en Russe

IDA-71P
Recycleur de plongée
Sous-marine

Manuel Technique et Instructions d'Utilisation

IDA-71P
Manuel Technique et Instructions d'Utilisation

Traduit du Russe par Francis COLLARD

Introduction

Informations sur ce manuel en francais

Ce manuel est la traduction directe en francais du manuel russe original édité en 1972 :

ИДА-71П
Изолируюшего Дихательного Аппарата
Техническое описане и инструкця по эксплуатаций
9В2.930.276ТО-ЛУ

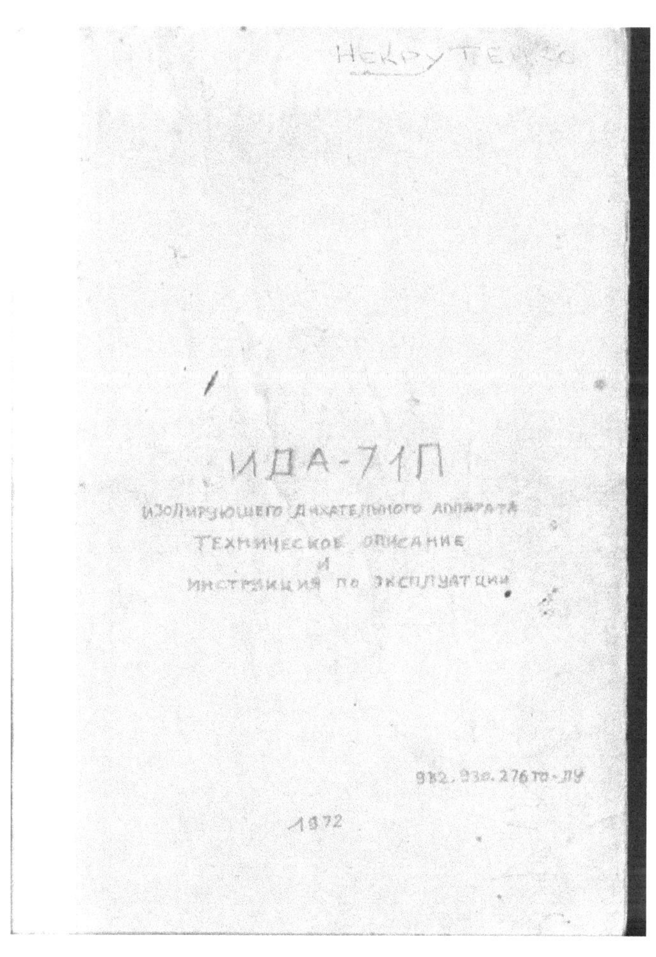

Édition : BoD - Books on Demand, info@bod.fr

Impression : BoD - Books on Demand, In de Tarpen 42, Norderstedt (Allemagne)

Impression à la demande
ISBN : 978-2-3224-6024-3
Dépôt légal : mai 2023

УТВЕРЖДЕН
9Э2.930.276ТО-ЛУ

инв. №

экз. №

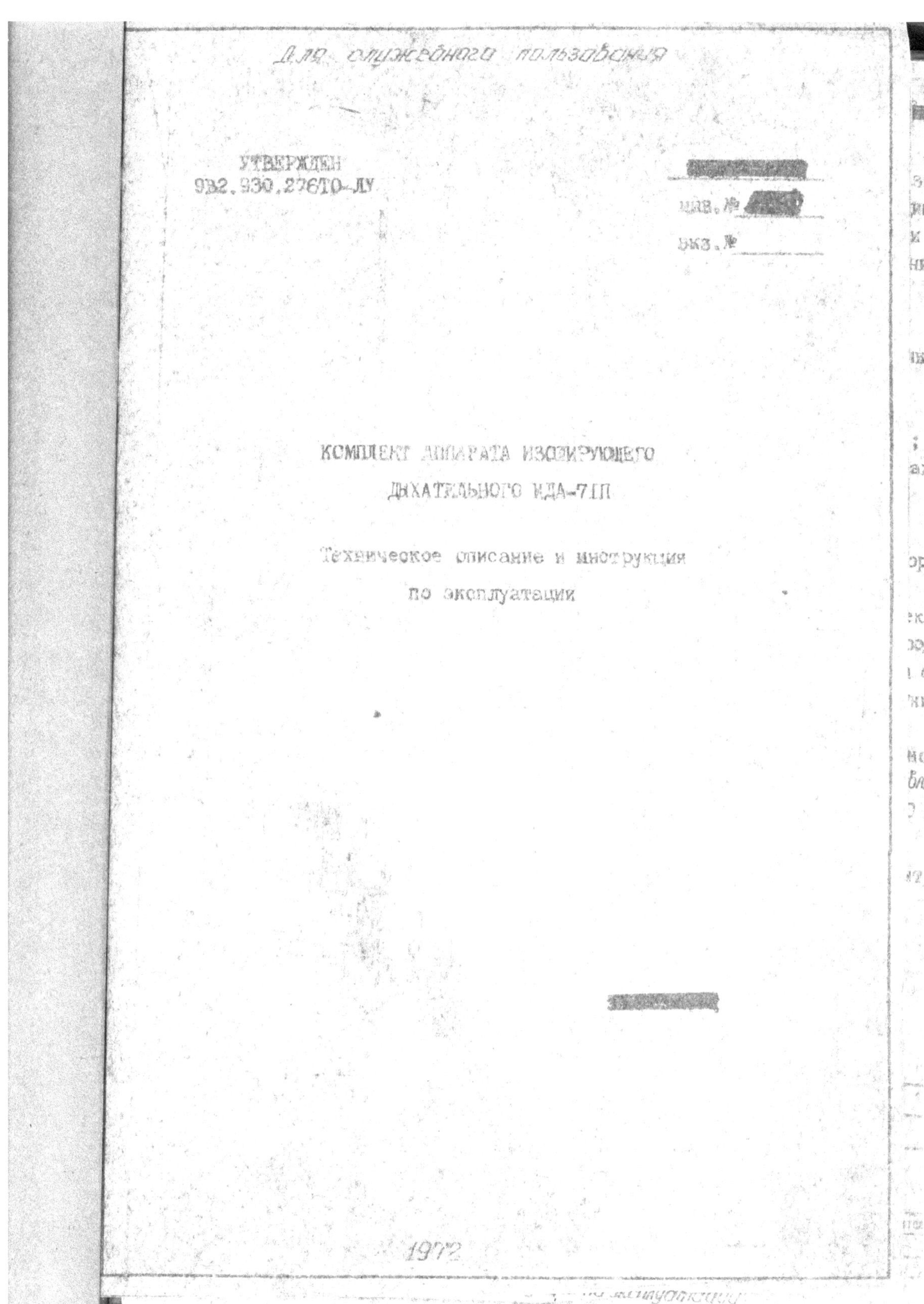

КОМПЛЕКТ АППАРАТА ИЗОЛИРУЮЩЕГО
ДЫХАТЕЛЬНОГО ИДА-71П

Техническое описание и инструкция
по эксплуатации

1972

ТЕХНИЧЕСКОЕ ОПИСАНИЕ

1. ВВЕДЕНИЕ

Техническое описание и инструкция по эксплуатации предназначено для изучения комплекта аппарата и руководства при эксплуатации; оно содержит техническую характеристику, сведения об устройстве и принципе работы, а также все необходимые данные для обеспечения правильной эксплуатации комплекта аппарата.

2. НАЗНАЧЕНИЕ

2.1. Комплект аппарата предназначен для обеспечения дыхания водолаза:

- при плавании под водой на глубине до 40 метров ;
- при полетах в самолете (вертолете) на высотах до *8* км ;
- при покидании самолета (вертолета) с парашютом на высотах до *8* км, *при скорости полета до 400 км/час.*

3. ТЕХНИЧЕСКИЕ ДАННЫЕ

3.1. Комплект аппарата работоспособен при давлении в кислородном и азотнокислородном баллонах от 30 до 200 кгс/см2.

3.2. Напряженность магнитного поля каждого изделия комплекта аппарата в отдельности: аппарата ИДА-71П; баллона азотнокислородного; коробки регенеративной *патрона регенеративного;* трубки и пояса с грузами — не более 10 гамм на расстоянии 100 мм от датчика магнитометра.

3.3. Продолжительность работы аппарата под водой при легочной вентиляции 30 л/мин и температуре окружающей среды 14-18°С *составляет* не менее 4-х часов: из них — 3,5 часа на глубине до 15 метров и 30 мин на глубине до 40 метров.

При плавании на неизменной глубине аппарат работает без вытравливания газовой смеси из дыхательного мешка.

29.5.72г Тр

982.930.276ТО

			Комплект аппарата изоли- рующего дыхательного ИДА-71П		Лист	Листов
Волков					2	121
Устинов		13.06.72				
Волков		13.05.72				
Сухов		23.03.73	Техническое описание и инструкция по эксплуатации			
От титульный лист						

ATTENTION !

Il y a plusieurs manuels "payants" disponibles sur internet. Cependant tous ces manuels , aussi bien en allemand qu'en anglais, sont soit incomplets, soit contiennent des erreurs importantes et graves, soit les deux !!

Cela est du au fait que la traduction allemande, faite par un Suisse en 1999, est basée sur une traduction en Finnois du manuel russe d'origine, et dont plusieurs paragraphes avaient été tronqués. Cette traduction allemande a été reprise par un « traducteur » assez incompétent, qui l'a transposée en anglais, peu avant 2005 en y introduisant de graves erreurs sur les valeurs de pression, causées par des transpositions erronées des « mm de colonne d'eau » (мм водяной столь) en millibar soit un facteur 10 d'erreur !! Et cela en plus de nombreux contre-sens, et multiples fausses interprétations par rapport à la version allemande («fermé» à la place de « ouvert» et vice-versa, ...etc..). Ce « traducteur », qui prétendait avoir traduit ce manuel à partir d'un soi-disant manuel de l'armée Est-Allemande (sic !) au lieu du manuel suisse, n'avait certainement, à cette époque, aucune compétence technique (ni linguistique) ni expérience en plongée pour énoncer de telles erreurs, et de plus, très peu de scrupules car il vendait cette version erronée pour 30 dollars !!

De plus dans cette transposition en anglais de nombreux paragraphes ont été supprimés , notamment ceux relatifs à l'utilisation à bord d'avions et d'hélicoptères, lors des parachutages.

Il faut aussi noter que dans la traduction allemande on trouve partout l'expression « KgC ». Il s'agit d'une erreur d'interprétation du terme russe «KrC » qui signifie « Килограмм Сила»= Kilogramme Force, il faut donc lire Kgf au lieu de KgC.

On trouve aussi dans toutes les traductions le terme « gamm » qui est une interprétation triviale du mot russe «гамм » qui signifie « gamma » : 1 gamma = 1 nano-Tesla (10 exp-9 Tesla) . Tous ceux qui ont quelques connaissances élémentaires en physique savent que c'est une unité de flux magnétique.

<u>Note Importante !!!</u>

Ce fascicule reprenant la traduction française du « Manuel Technique et Instructions d'Utilisation de l'appareil IDA-71P » (ИДА-71П - <u>И</u>золируюшего <u>Д</u>ихателыного <u>А</u>ппарата - Техническое описане и инструкця по эксплуатаций 9В2.930.276ТО-ЛЧ) ne peut en aucun cas être utilisé comme base pour l'utilisation de cet équipement en plongée sous-marine ou à bord d'un avion, et dissocié de formations théoriques et pratiques complètes, données par un Instructeur qualifié sur l'appareil IDA-71P, telles que celles que j'ai suivies au début des années 80's en Mer Noire à Balaklava (URSS), et d'où provient ce manuel russe.

Ing Francis COLLARD
(copyright octobre 2007)

INTRODUCTION et HISTORIQUE

Comme à peu près tous les recycleurs russes, l'IDA-71P est un recycleur militaire à vocation opérationnelle. Ce type de recycleur est donc robuste, simple, et fiable. Et cela, même et surtout dans de rudes conditions d'utilisation : saut en parachute, combat terrestre et sous-marin, pose de mines,..etc..Pour ce genre de missions il est parfois nécessaire de disposer d'un équipement antimagnétique ou à très faible réaction magnétique, ce qui est également le cas de beaucoup des recycleurs russes.

Les recycleurs opérationnels russes ont une longue histoire qui remonte jusque dans les années '20. Le nombre de recycleur conçus en URSS dépasse de loin tout ce qui a été fabriqué dans les autres pays du monde. Les Russes, qui sont les plus avancés en équipement sous-marins divers, ont en effet mis au point plus de cinquante types et versions de recycleurs, chacun destiné à une utilisation particulière que ce soit sous-marine, terrestre ou aérienne, ou même comme équipement de lutte contre les gaz de combat, ou d'intervention sous-terraine dans les mines.

Un exemple : le IDA-51, de 1951 comme son nom l'indique, permettait déjà à cette époque des plongées autonomes jusqu'à 200 mètres à l'Héliox (ГКС) et au Trimix (АГКС), il était principalement utilisé comme moyen de sauvetage pour les équipages de sous-marins.

On se souvient des missions héroïques des plongeuses russes de Stalingrad qui, équipées de recycleurs IPA-3 en hiver 1942-43, traversaient la Volga pour assister et ravitailler les troupes russe au prise avec les troupes allemandes, et faire de petites attaques de harcèlement contre les poches de troupes ennemies le long des berges de la Volga.

L'équipement IDA-71P a été développé en 1971 et est conçu pour fonctionner de manière autonome. Cette version « P » est destinée aux troupes de plongeurs parachutistes. Il a la capacité de se connecter à un système d'alimentation en oxygène d'un aéronef. L'équipement est conçu pour permettre la respiration du plongeur:
- Quand il nage sous l'eau jusqu'à une profondeur de 40 mètres;
- Lors de déplacement en avion (hélicoptère), à des altitudes allant jusqu'à 8000 mètres;
- Lors de la sortie de l'avion (hélicoptère) par parachutage à une altitude de 8000 mètres.et une vitesse de 400 km/h
L'appareil fonctionne avec un circuit respiratoire fermé. Lors de l'opération à la profondeur de travail constante prévue , il n'y a pas de signature visuelle par fuite de mélange de gaz présent dans le sac respiratoire

DESCRIPTION TECHNIQUE

1. Introduction .

La description technique et les instructions d'utilisation de cet appareil respiratoire contiennent un résumé des caractéristiques techniques ainsi que la description de l'équipement et les principes des modes de fonctionnement de l'appareil complet.

2. Utilisation.

2.1 L'appareil complet est destiné à la respiration en circuit fermé en plongée

- Pour les plongée jusqu'a une profondeur de 40 m,
- Pour les équipages d'un avion (hélicoptère) non pressurisés jusqu'à une altitude de 8 km
- Pour les parachutistes qui sautent d'un avion (hélicoptère) jusqu'à une altitude de 8 km , et jusqu'à une vitesse de 400 km/h

3. Données Techniques

3.1   L'appareil est opérationnel avec des blocs d'oxygène et de Nitrox gonflés a une pression entre 30 et 200 bars..

3.2   Le flux magnétique généré par chacune des parties de l'appareil complet prise séparément : l'appareil IDA-71P, le bloc de Nitrox, le boitier de chaux sodée, la cartouche régénératrice "O-3" (O-Z), les tuyaux et la ceinture de lestage, ne sera pas supérieur a 10 gamma (10 exp-8 Tesla) mesuré sur un magnétomètre a une distance de 100 mm.

3.3   La durée d'utilisation de l'appareil en plongée avec une ventilation de 30 l/min et une température de 14 à 18 degrés C n'est pas inférieure a 4 heures dont 3,5 heures a une profondeur de 15m et 30 min a une profondeur de 40m.
.
En plongée à profondeur constante, il n'y a pas de rejet de mélange de gaz hors du contre-poumon

Appareil IDA-71P

3.4   Les composants haute pression (blocs, détendeurs, assemblages) ont une pression de travail de 200 bar.

3.5   Les éléments basse pression (contre-poumon, cartouche régénératrice, embout) sont hermétiques jusqu'à une pression de 500 mm de colonne d'eau (50 millibar) par rapport à la pression ambiante.

3.6   La différence de pression due à la résistance au flux dans l'équipement avec une cartouche non remplie sous un débit de 100l/min est inférieure à 55 mm de colonne d'eau (5,5 millibar) par rapport a la pression ambiante. .

3.7   La pression à la sortie du détendeur du bloc d'oxygène est de 4,2 à 4,6 bar pour un débit do 10 l/min ct unc prcssion de 130 a 150 Dar dans le bloc.

3.8   La pression à la sortie de détendeur du bloc d'oxygène (sans débit respiratoire) n'est pas inférieure a 6 Bar avec une pression de 180 a 200 Bar dans le bloc.

3.9 La pression d'ouverture de la valve de sécurité de détendeur du bloc d'oxygène est de 10 à 15 Bar..

3.10 La différence de pression due à la résistance au flux du détendeur du sac respiratoire avec un débit de 1 l/min à 100 l/min est de 110 a 160 mm de colonne d'eau (11 a 16 millibar)

3.11 La valve du détendeur du sac respiratoire reste hermétique avec une pression sur la valve de 3 à 9 Bar.

3.12 La différence de pression due à la résistance au flux de la valve de sécurité du sac respiratoire sous un débit de 1 l/min à 100 l/min est de 120 à 220 mm de colonne d'eau (12 à 22 millibar).

3.13 Les valves d'inspiration et d'expiration de l'embout sont hermétiques sous une pression de 200 mm de colonne d'eau (20 millibar)
Un flux inverse de moins de 0,5 l/min est permis

3.14 Les valves des raccordements sont hermétiques sous une pression de :
a) sur les valves des éléments haute pression de 2 à 9 Bar
b) sur les valves des éléments basse pression de 100 mm de colonne d'eau à 2 Bar
c) sur les valves des circuits d'oxygène à 6 Bar

3.15 La valve du bloc d'oxygène est hermétique en position complètement "ouverte" avec une pression de 200 Bar dans le bloc

3.16 La valve de sécurité du bloc d'oxygène est étanche sous une pression de 200 bar, le couple de serrage ne dépassera pas 30 Kgf.cm..

3.17 Passer de la positions « ОТКРЫТО » (OUVERT) à la position « ЗАКРЫТО » (FERME) du robinet du bloc oxygène ne demandera pas plus de ¼ à 2 tours.

3.18 Le robinet du bloc oxygène supportera au minimum 1500 cycle complet d'ouverture et de fermeture..

3.19 (supprimé dans le manuel russe de 1972).

3.20 (supprimé dans le manuel russe de 1972)

3.21 La flottabilité positive de l'équipement est d'environ 0.5 Kgf dans les conditions suivantes :

a) L'équipement est en ordre de marche avec les cartouches régénératrices remplies ainsi que le bloc d'oxygène
b) Le contre poumon est remplis à la pression juste inférieure à l'ouverture de la valve de surpression.

3.22 Dimensions de l'équipement : voir fig. 4

3.23 Le poids de l'équipement avec les cartouches régénératrices vides : 15.7 Kgf

3.24 Le poids des produits chimiques contenus dans les cartouches sont les suivants :

- a) Substance « 0-3 » (O-Z) = 1.8 Kgf
- b) Absorbant «ХП-И » (HP-I)= 1.8 Kgf
- c) Substance « ВНВ-1» (VNV-1)=1.1 Kgf

3.25   Le volume du bloc d'oxygène est de 1L.

Bloc Nitrox additionnel

3.26   La pression à la sortie du détendeur est comprise entre 7.2 to 7.6 Bar , avec un debit de 40L/min et une pression de 130-150 Bar dans le bloc

3.27   La pression à la sortie du détendeur, sans consommation, est de 9 Bar avec une pression de 180-200 Bar dans le bloc.

3.28   La soupape de sureté s'ouvre à une pression comprise entre 10 et 15 Bar.

3.29   Le volume d'oxygène nécessaire utilisé pour un cycle de rinçage, après ouverture de la valve du bloc d'oxygène, se situera entre 20 et 27 L, la procédure de rinçage demandera de 10 à 25 secondes.

3.30   Le volume de Nitrox utilisé pour le rinçage à la profondeur voulue est de 35 à 50L, la procédure de rinçage prend de 15 à 35 secondes.

3.31   La profondeur de changement de gaz à une température de + 20°C (± 5°C) est de .
a) sur mélange Nitrox à la descente entre 15 et 18m,
b) sur Oxygène à la remontée entre 12 et 15m.

3.32   Les éléments basse et haute pression ne peuvent présenter de fuites lorsque le bloc Nitrox est raccordé à l'appareil, que les vannes des blocs oxygène et Nitrox sont ouvertes et avec une pression de gaz jusqu'à 200 Bar.

3.33   Le vanne ne pourra présenter de fuite en position complètement ouverte (pos "ОТКРЫТО") et avec une pression dans le bloc comprise entre 30 et 200 Bar..

3.34   La force nécessaire pour connecter le bloc Nitrox à l'appareil avec la vanne oxygène ouverte, ne dépassera pas 15 Kgf.

3.35   Lorsque l'angle entre le cordon du levier de manoeuvre du coupleur et l'axe longitudinal de l'appareil et moins de 35° et que la vanne du bloc d'oxygène est ouverte, la force nécessaire pour déconnecter le bloc Nitrox de l'appareil ne dépassera pas 10 Kgf.

3.36   La valve de surpression du bloc est étanche jusqu'à 200 bar de pression et le couple de serrage au montage ne dépassera pas 30 Kgf.cm.

3.37   Le passage de la position "Ouverte" (pos "ОТКРЫТО") de la vanne, à la position "Fermée" (pos "ЗАКРЫТО") requièrt entre 0,25 et 2 tours.

3.38   La robineterie doit pouvoir supporter au moins 1500 manoeuvres d'ouverture et de fermeture. .

3.39 Le poids du bloc de Nitrox ne dépasse pas 6 Kgf.

3.40 La Fig. 19 donne les dimension du bloc Nitrox.

3.41 Le volume du bloc Nitrox est de 1L.

<u>**Tuyaux Annelés Respiratoires**</u>

3.42 La liaison des tuyaux respiratoires à l'embout reste étanche avec une dépression du 10 milliBar dans les tuyaux. La fuite maximale tolérée est de 0,2L/min.

3.43 La résistance au flux dans les tuyaux respiratoire ne dépassera pas 1 milliBar pour un débit de 30 L/min, la résistance à l'expiration de la valve du tuyau est de 3 à 4 miliBar avec un debit de 15L/min.

3.44 La représentation schématique des tuyaux respiratoires est donnée à la Fig22.

3.45 Le poids des tuyaux ne dépassera pas 0.4Kgf.

<u>**Initialiseur (ПУСКАТЕЛЮ)**</u>

3.46 La pression à la sortie du détendeur (sans consommation) doit être comprise entre 6 et 8 Kgf/cm² avec une pression d'entrée d'oxygène de 130 à 150 Kgf/cm²

3.47 La valve de sécurité du détendeur s'ouvre à une pression comprise entre 9 et 14 Kgf/cm²

3.48 Le volume d'oxygène, qui traverse le système lors du rinçage, est de 35 à 55 L, la durée du rinçage est de 15 à 35 secondes

3.49 L'initialiseur est étanche avec une pression d'oxygène à l'entrée allant jusqu'à 150 Kgf/cm², une fuite inférieure à 0,2 L/min est acceptable.

3.50 Les dimensions de l'Initialiseur sont données schématiquement à la Fig 23.

3.51 Le poids de l'Initialiseur ne dépasse pas 1,2 Kgf.

3.52 L'équipement est opérationnel :
a. à une température comprise entre 50° C et 0° C, et jusqu'à 5 min à une température de -45° C
b. Dans un brouillard salin.

3.53 Les caractéristiques techniques de l'unité « КП-58А »(KP-58A) et du tuyau de raccordement « КШ-56 » (KSCH-56) sont données dans le manuel d'utilisation et de description.

4. __Eléments de l'Equipement__

Notes:

4.1 Les éléments de l'équipement sont repris dans la Table 1

Table 1

Id	Dénomination	Désignation	Quantité	Remarque
1	Appareil respiratoire d'isolation IDA-71P	9B2.930.273Sp	1	
2	Bloc Nitrox	9B2.968.255Sp	1	
3	Cartouche de régénératiobn	9B2.966.225Sp	1	
4	Boîtier de régénération	9B2.966.227Sp	2	
5	(supprimé dans le manuel russe de 1972)			
6	Ceinture de fixation	9B4.420.204Sp	1	
7	Sac	9B4.165.206Sp	1	
8	Tuyau	9B6.452.413	1	
9	Initialiseur	9B2.954.235Sp	1/4	
10	Tuyau annelé	9B4.470.304Sp	1/2	
11	Appareil d'oxygénation « КП-58А »	9B2.931.230Sp	1/2	
12	Tuyau « КШ-56 »(KSCH-56)	9B4.470.217SP	1/2	
13	Ensemble « ЗИП-1 » (ZIP-1)	9B4.068.228Sp	1/2	
14	Ensemble « ЗИП-2 » (ZIP-2)	9B4.068.229Sp	1/4	
15	Tuyau annelé (38-10588-70)	M2-10-0001	2	
16	Manuel technique et instructions d'utilisation du dispositif « КП-58А »(KP-58A)	9B2.931.230TO	1/4	
17	Manuel technique et instructions d'utilisation du tuyau « КШ-56 »(KSCH-56)	9B4.470.217TO	1/4	
18	Document d'identité du dispositif « КП-58А »(KP-58A)	9B2.931.230P	1	
19	Document d'identité de l'appareil « ИДА-71П » (IDA-71P)	9B2.930.276P	1	
20	Document d'identité du manomètre МТП-ВД-40		2	
21	Document d'identité du ГСП МТ-1-Т-16/12-К-4-ФП		1	
22	Document d'identité du ГСП МТ-1-Т-4-К-ВС-Ф-Д-П		1	

Remarques:
1. L'appareil est fourni avec des cartouches de régénération vides et une pression de 30 à 150 Kgf/cm² dans les blocs d'oxygène et de Nitrox.
2. La livraison sur commande officielle de l'ensemble n°1 de l'appareil complet IDA-71P   comprend l'équipement ainsi que la documentation , les notes et les postes n° 9, 10, 11, 12, 16 , 17 et 18
3. La livraison sur commande officielle de l'ensemble n°2 de l'appareil complet IDA-71P ne comprend que l'équipement, mais ne comprend pas la documentation , les notes et les postes n° 9, 10, 11, 12, 16 , 17 et 18

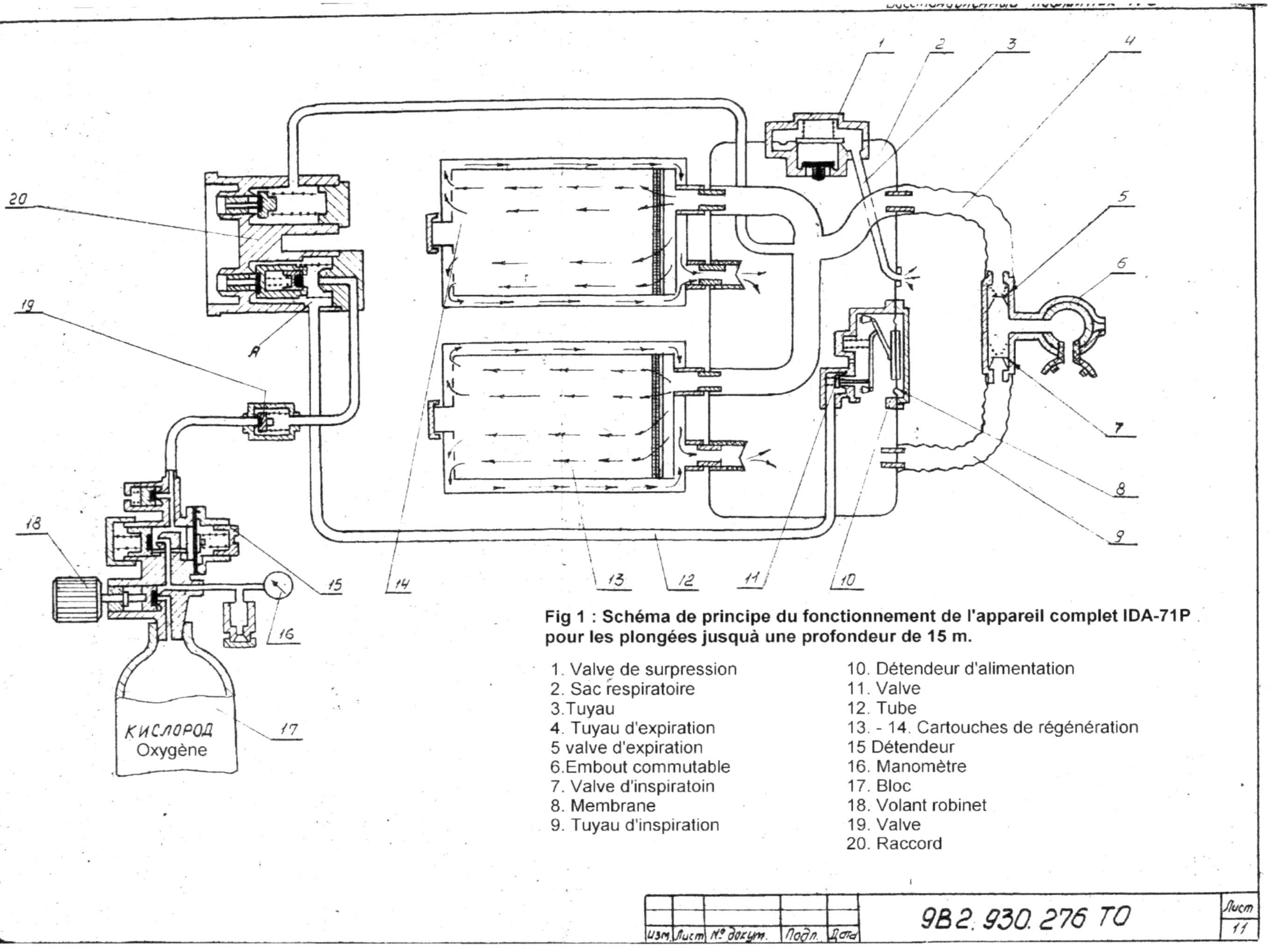

Fig 1 : Schéma de principe du fonctionnement de l'appareil complet IDA-71P pour les plongées jusquà une profondeur de 15 m.

1. Valve de surpression
2. Sac respiratoire
3. Tuyau
4. Tuyau d'expiration
5. valve d'expiration
6. Embout commutable
7. Valve d'inspiratoin
8. Membrane
9. Tuyau d'inspiration
10. Détendeur d'alimentation
11. Valve
12. Tube
13. - 14. Cartouches de régénération
15. Détendeur
16. Manomètre
17. Bloc
18. Volant robinet
19. Valve
20. Raccord

9B2.930.276 TO

5. **Mécanisme et mode de fonctionnement de l'Appareil**

5.1   Modes de fonctionnement de l'Appareil

- Fonctionnement de l'équipement complet jusqu'à une profondeur de 15 m
- Fonctionnement de l'équipement complet jusqu'à une profondeur de 40 m
- Fonctionnement de l'appareil lors des déplacements en avion
- Fonctionnement de l'appareil pour sauter en parachute d'un avion

5.1.1   Mode de fonctionnement de l'appareil pour des plongées jusqu'à 15m de profondeur.(fig. 1).

L'appareil protège les organes respiratoires des influences de l'environnement et travaille en circuit respiratoire fermé, dans lequel les gaz expirés sont régénérés. Pour son fonctionnement, l'appareil nécessite les éléments spécifiés ci dessous ::

- Un sac respiratoire ou "contre-poumon" (pos 2) qui sert de réservoir au mélange de gaz respiré.
- Une valve à la demande (pos 10) qui éffectue l'alimentation en oxygène à la demande dans le sac respiratoire.
- Une valve de surpression (pos 1) qui évacue les gaz en surplus dans le contre-poumon (pos 2) à travers l'ajutage (pos 3) vers l'ambiance.
- Un embout (pos 6) qui gère la circulation du mélange de gaz lors de l'inspiration et l'expiration.
- Un bloc (pos 17) qui sert de réservoir contenant l'oxygène sous pression.
- Un détendeur (pos 15) qui réduit la pression de l'oxygène qui va vers la valve à la demande (pos . 10) et les dispositifs de raccordement (pos 20).
- Des cartouches de régénération (pos 13 & 14), dans lesquelles le CO2 est éliminé des gaz expirés, avant recyclage. .

En ouvrant la vanne du bloc (pos 18) on envoie l'oxygène du bloc dans le détendeur (pos 15), où la pression est réduite; l'oxygene va également vers le manomètre (pos 16), qui affiche la pression de l'oxygène present dans le bloc (pos 17). Après être passé par le détendeur (pos 15), l'oxygène à pression réduite est dirigé, à travers la valve de non retour (pos 19) dans la partie "A" de l'élément de raccord (pos 20) et vers la valve à la demande (pos 10) par le tuyau rigide de raccordement (pos 12) .

Durant la plongée, la respiration fonctionne comme suit :

Le mélange expiré poursuit sa course à travers la valve d'expiration (post 5) de l'embout (post 6) , entre dans le tuyau annelé du mélange expiré (post 4) et arrive en suite dans les cartouches régénératrices (post 13 et 14).

Après que le mélange soit débarassé de son dioxide de carbone par les composés chimiques des cartouches régénératrices, le mélange de gaz pénètre dans le sac respiratoire (post 2). Le mélange gazeux inspiratoire passe par le tuyau annelé inspiratoire (post 9), continue à travers la valve d'inspiration (post 7) et arrive dans l'embout (post 6).

Lorsque la profondeur augmente, ou que la quantité de gaz dans le contre poumon est insuffisante, la valve d'admission (post 10) fonctionne de la façon suivante :

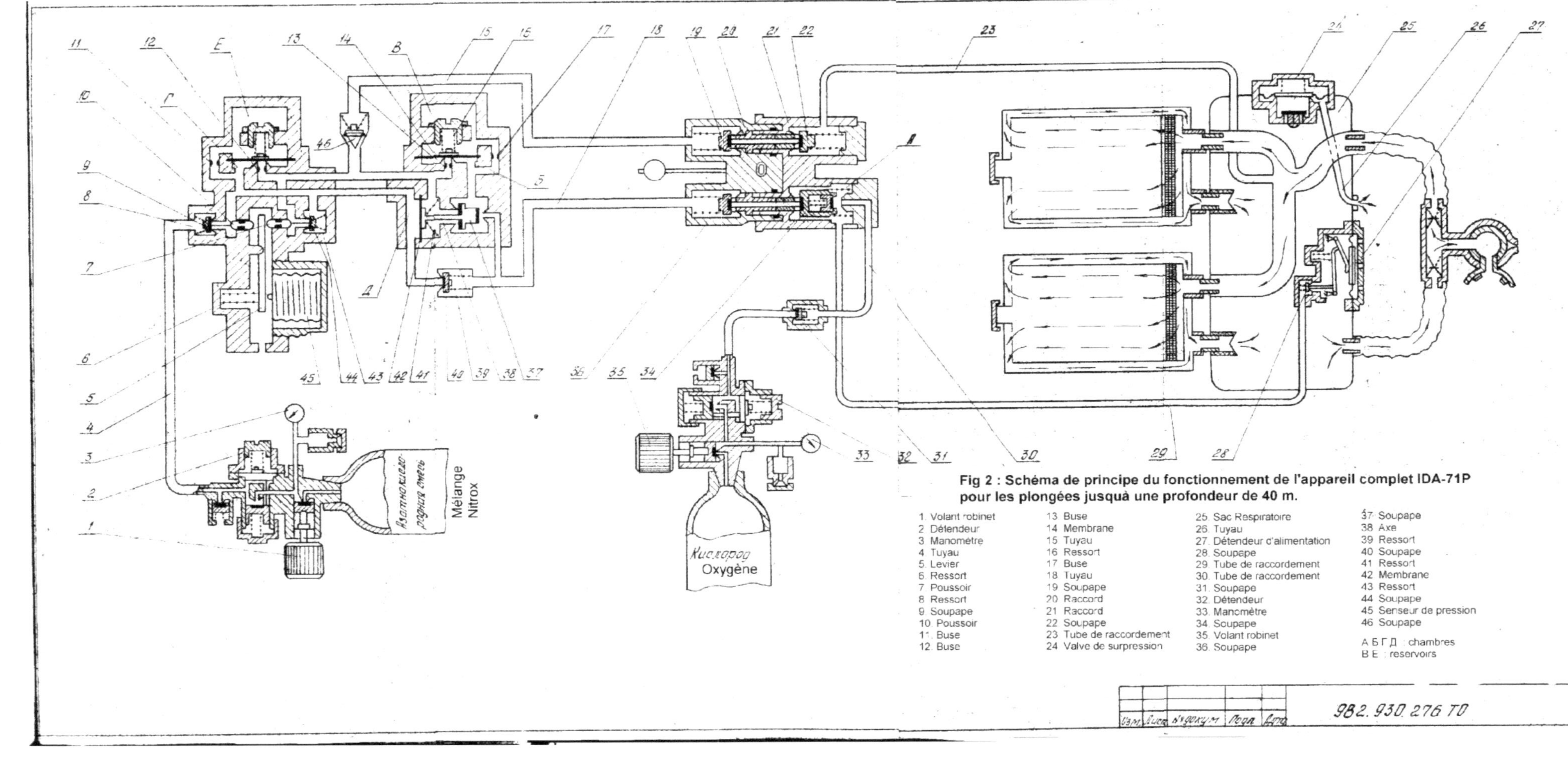

Fig 2 : Schéma de principe du fonctionnement de l'appareil complet IDA-71P pour les plongées jusqu'à une profondeur de 40 m.

1. Volant robinet
2. Détendeur
3. Manomètre
4. Tuyau
5. Levier
6. Ressort
7. Poussoir
8. Ressort
9. Soupape
10. Poussoir
11. Buse
12. Buse
13. Buse
14. Membrane
15. Tuyau
16. Ressort
17. Buse
18. Tuyau
19. Soupape
20. Raccord
21. Raccord
22. Soupape
23. Tube de raccordement
24. Valve de surpression
25. Sac Respiratoire
26. Tuyau
27. Détendeur d'alimentation
28. Soupape
29. Tube de raccordement
30. Tube de raccordement
31. Soupape
32. Détendeur
33. Manomètre
34. Soupape
35. Volant robinet
36. Soupape
37. Soupape
38. Axe
39. Ressort
40. Soupape
41. Ressort
42. Membrane
43. Ressort
44. Soupape
45. Senseur de pression
46. Soupape

А Б Г Д : chambres
В Е : reservoirs

Lorsque la pression dans le sac respiratoire diminue, la membrane (post 8) de la valve à la demande (post 10) est incurvée par la pression externe, elle exerce une pression sur le système à levier de la valve (post 11) et alimente le sac respiratoire d'une quantité d' oxygène nécessaire pour l'inspiration.
.
Lorsque la pression dans le sac respiratoire (post 2) devient positive, l'excédent de mélange est évacuée vers l'extérieur par la valve de surpression (post 1) à travers l'ajutage (post 3).

5.1.2 <u>Mode de fonctionnement de l'équipement pour les plongées jusqu'à 40 m de profondeur (Fig. 2)</u>

La plongée jusqu'à 40 m de profondeur avec cet équipement ne peut s'effectuer qu'avec l'utilisation d'un mélange de gaz Nitrox. Pour dépasser la profondeur de 15m le couplage de l'équipement additionnel (post 20) est alors connecté à un bloc Nitrox dont la vanne (post 1) est ouverte.

La purge de la boucle de l'équipement avec de l'oxygène s'effectue de la manière suivante en ouvrant la vanne (post 35) du bloc d'oxygène:

L'oxygène présent dans le bloc d'oxygène passe dans le détendeur (post 32), qui réduit la pression. L'oxygène à pression réduite passe alors par la valve (post 31) et se répend dans la partie "A" du coupleur (post 21). L'oxygène passe alors par l'ajutage (post 29) vers la valve à la demande (post 28). Il passe ensuite par les valves ouvertes (post 34 et 36) du coupleur (post 20 et 21) vers la chambre de la valve (post 40), celle ci étant maintenue fermée sur son siège par un resort (post 39).

L'oxygène entre dans la chambre de la valve (post 37), où il est injecté par l'ajutage (post 17) vers la chambre de la membrane dans la zone "B" (V). Sous la pression de l'oxygène, la membrane (post 14) s'écarte du siège de la valve et ouvre le passage de l'oxygène par la buse (post 13).

Après le passage dans la buse (post 13), l'oxygène arrive à la valve (post 46), et la pression ouvre celle –ci, autorisant le passage de l'oxygène par le tuyau (post 15) dans la chambre de la valve (post 19), et ensuite il continue par les valves ouvertes (post 19 et 22), le coupleur (post 20 et 21) et le tuyau (post 23), pour finalement entrer dans le circuit respiratoire et ainsi le purger.

Le mélange gazeux présent dans le sac respiratoire (post 25) est purgé à travers la valve de surpression (post 24) et le tuyau (post 26) vers l'extérieur.

Dans le même temps, l'oxygène continue à travers l'ajutage (post 17) dans la partie "B" (V), jusqu'à ce que la pression s'équilibre des deux côtés de l'ajutage (post 17), et de la membrane (post 14). Ensuite, la membrane (post 14) se repose sur le siège de la valve par la pression exercée par le ressort, et interrompt ainsi le flux d'oxygène vers le sac respiratoire.
.
Le volume d'oxygène nécessaire pour la purge du système respiratoire dépend à la fois du diamètre de la buse (post 17), qui détermine la durée du rinçage, ainsi que par le diamètre de la buse (post 13) qui détermine le flux d'oxygène nécessaire , géré par la buse (post 17).

Après ouverture de la vanne (post 1) du bloc Nitrox, le mélange de gaz fuse dans le circuit du manomètre (post 3), qui donne l'indication de la pression du mélange présent dans le bloc et dans le détendeur (post 2). La pression du mélange de gaz est réduite par le détendeur à une valeur donnée, qui doit nécessairement être supérieure à la pression de sortie du détendeur d'oxygène. Le mélange fuse à travers le tuyau (post 4) dans la chambre de la vanne (post 9).

Entre la surface et une profondeur de 15m la vanne (post 9) est fermée et empêche le passage du mélange de gaz dans la boucle de purge automatique. A une profondeur entre 15 et 18m le senseur de pression (post 45) est comprimé par la pression de l'eau et relâche le levier (post 5) qui pivote sous l'action du ressort (post 6), et actionne ainsi la tige (post 7) qui ferme la valve (post 44) sous l' action du ressort (post 43). Ensuite le levier (post 5) ouvre la valve (post 9) par action sur la tige (post 10). Après l'ouverture de la valve (post 9) le mélange de gaz se répand également et est transmis par la buse (post 11) dans les circuits "Г" (G) et "Д" (D), dans lesquels la force appliquée sur la membrane (post 42) est supérieure à la contre-force exercée par le ressort (post 41)

De plus, le mélange de gaz exerce une pression sur la tige (post 38) poussant ainsi la valve (post 37) contre le siège opposé. Cette valve interrompt le flux d'oxygène vers le circuit de rinçage, et connecte la chambre de la valve (post 37) avec le circuit de la valve (post 46). Le surplus d'oxygène présent dans le circuit "B" (V) passe par la buse (post 17) et la valve (post 46) vers le sac respiratoire, et évacue aussi le gaz de la chambre "B" (V) dans le sac respiratoire (post 25), équilibrant ainsi les pressions dans le système respiratoire.

Ensuite le mélange de gaz Nitrox passe par la valve (post 40) , le tuyau (post 18) et les valves ouvertes (post 36 et 34), puis par le tube (post 29) dans la chambre (post 28) de la valve à la demande (post 27) et par le tuyau (post 30) dans la chambre de la valve (post 31), où il referme la valve (post 31). Cette fermeture s'opère par le fait que la pression du mélange de gaz Nitrox est nettement plus élevée que la pression de l'oxygène, et cela empêche l'oxygène de passer dans le sac respiratoire et la valve à la demande.

Le mélange gazeux présent dans la buse (post 11) et près de la membrane effectue la même opération que lors de la purge à l'oxygène, à savoir : l'écoulement de gaz à travers la buse (post 11) provoque une égalisation de la pression dans la zone «E» et dans la zone de la membrane "Г" (G) . La membrane se soulève du siège de la soupape et permet l'écoulement du mélange gazeux par la buse (post 12) jusqu'à l'égalisation de la pression dans les zones "Г" (G) et "E". Par conséquent, la purge du système de respiration avec le mélange de gaz Nitrox commence par l'ouverture de la vanne (Post 9). Avec l'arrivée du mélange de gaz Nitrox par la valve à la demande (post 27) empêche l'arrivée d'oxygène dans le dispositif de purge et à la valve à la demande. Le volume de gaz Nitrox pour la purge du sac respiratoire est aussi dépendante du diamètre des buses (post 11 et 12).

L'inverse de cette procédure se déroule lors de la remontée des profondeurs de plus de 18M, lorsque la boucle est à nouveau purgée avec de l'oxygène.

Cette procédure est décrite comme suit:
Avec la réduction de la pression de l'eau, le capteur de profondeur (post 45) se dilate et surmonte la résistance du ressort (post 6) , il pousse ainsi le levier (post. 5) de la tige de poussée (post 10).
Par la résistance du ressort (post 8) et la pression du gaz, la vanne (post 9) se ferme et empêche l'entrée du mélange Nitrox au dispositif de commande de purge. Ensuite, le levier (post 5) ouvre la vanne (post 44) par l'intermédiaire de la tige de poussée (post 7), et la pression dans la chambre "Д" (D), diminue.

Cette pression s'applique sur le diaphragme (post 42) qui par la pression du ressort (post 41), actionne la valve (position 37) et la déplace d'un siège de soupape sur l'autre et permet ainsi à l'oxygène de circuler par la buse (Post 17) dans la chambre "B" (V) du système de purge. Ainsi, la chambre de la soupape (post 37) est isolée de la zone du tuyau (Post 15).

Avec l'ouverture de la soupape (position 37), la purge à l'oxygène du sac respiratoire commence de la même façon que lors de l'ouverture du robinet de la bouteille d'oxygène, tel que décrit précédemment. Pour vérifier la quantité d'oxygène disponible, la gauge du bloc (post 33) doit être vérifiée

Le principe de respiration lors de plongées au delà de 15m de profondeur ne diffère pas grandement des plongées à 15 m de profondeur. La différence réside dans le fait que, lors des plongées au delà de 15m le pourcentage d'oxygène dans le mélange respiré est nettement inférieur à celui utilisé lors des plongées jusqu'à une profondeur de 15 m. C'est la raison pour laquelle on utilise du Nitrox, et on effectue un rinçage du système respiratoire avec ce Nitrox.

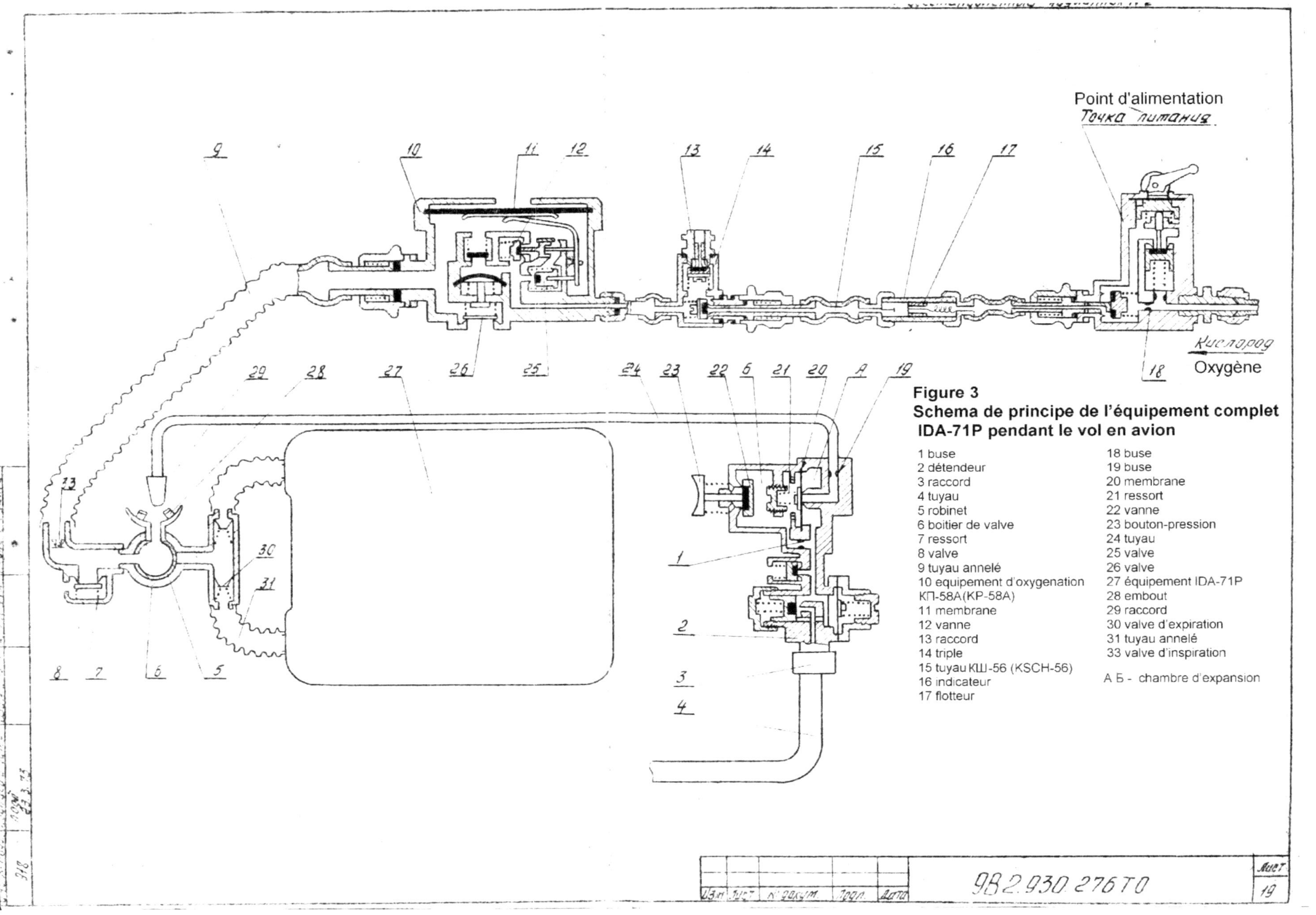

Figure 3
Schema de principe de l'équipement complet IDA-71P pendant le vol en avion

1 buse
2 détendeur
3 raccord
4 tuyau
5 robinet
6 boitier de valve
7 ressort
8 valve
9 tuyau annelé
10 equipement d'oxygenation КП-58A(KP-58A)
11 membrane
12 vanne
13 raccord
14 triple
15 tuyau КШ-56 (KSCH-56)
16 indicateur
17 flotteur

18 buse
19 buse
20 membrane
21 ressort
22 vanne
23 bouton-pression
24 tuyau
25 valve
26 valve
27 équipement IDA-71P
28 embout
29 raccord
30 valve d'expiration
31 tuyau annelé
33 valve d'inspiration

А Б - chambre d'expansion

9В2.930.276ТО

5.1.3 Fonctionnement de l'équipement lors de trajet en avion ou hélicoptère (fig 3)

Pendant le trajet en avion, le plongeur est alimenté par l'intermédiaire de l'équipement pour oxygène « КП-58А »(KP-58A) qui est relié à l'embout de l'appareil respiratoire IDA-71P, sur lequel la vanne de l'embout est mis sur la position « НА ВОЗДУХ » (sur ambiance) . L'équipement IDA-71P est bien entendu fermé et ne participe pas à l'alimentation du plongeur en oxygène.

L'alimentation en oxygène de l'équipement « КП-58А »(KP-58A) est fournie par l'appareillage d'alimentation en oxygène collectif de l'équipement de bord de l'avion ou de l'hélicoptère, par exemple l'appareillage « КП -56 »(KP-56) ou « КП-32 »(KP32).

Au sol l'alimentation en oxygène n'est pas fournie par l'équipement de bord de l'avion. A ce moment le plongeur est alimenté par de l'air ambiant qui arrive au travers de la valve (post 26) de l'équipement « КП-58А »(KP-58A)

A partir d'une altitude de 2000 à 4000 m, l'oxygène est fourni à partir du point d'alimentation de l'équipement de bord monté sur l'avion (ou l'hélicoptère). Depuis ce point d'alimentation, l'oxygène est ammené par le tuyau (post 15) et actionne le flotteur (post 17) rendant ainsi visible l'indicateur (post 16) qui signale la présence d'alimentation en oxygène par le tuyau (post 15). L'oxygène passe dans le raccord en "T" (post 14) et de là dans l'appareil lui-même.

A l'aspiration, la valve (post 33) s'ouvre , le tuyau (post 9) et l'appareil (post 10) sont mis en dépression , la membrane (post 11) s'incurve vers l'intérieur, les valves (post 12 et 25) du détendeur s'ouvrent et l'oxygène passé dans le circuit d'aspiration.

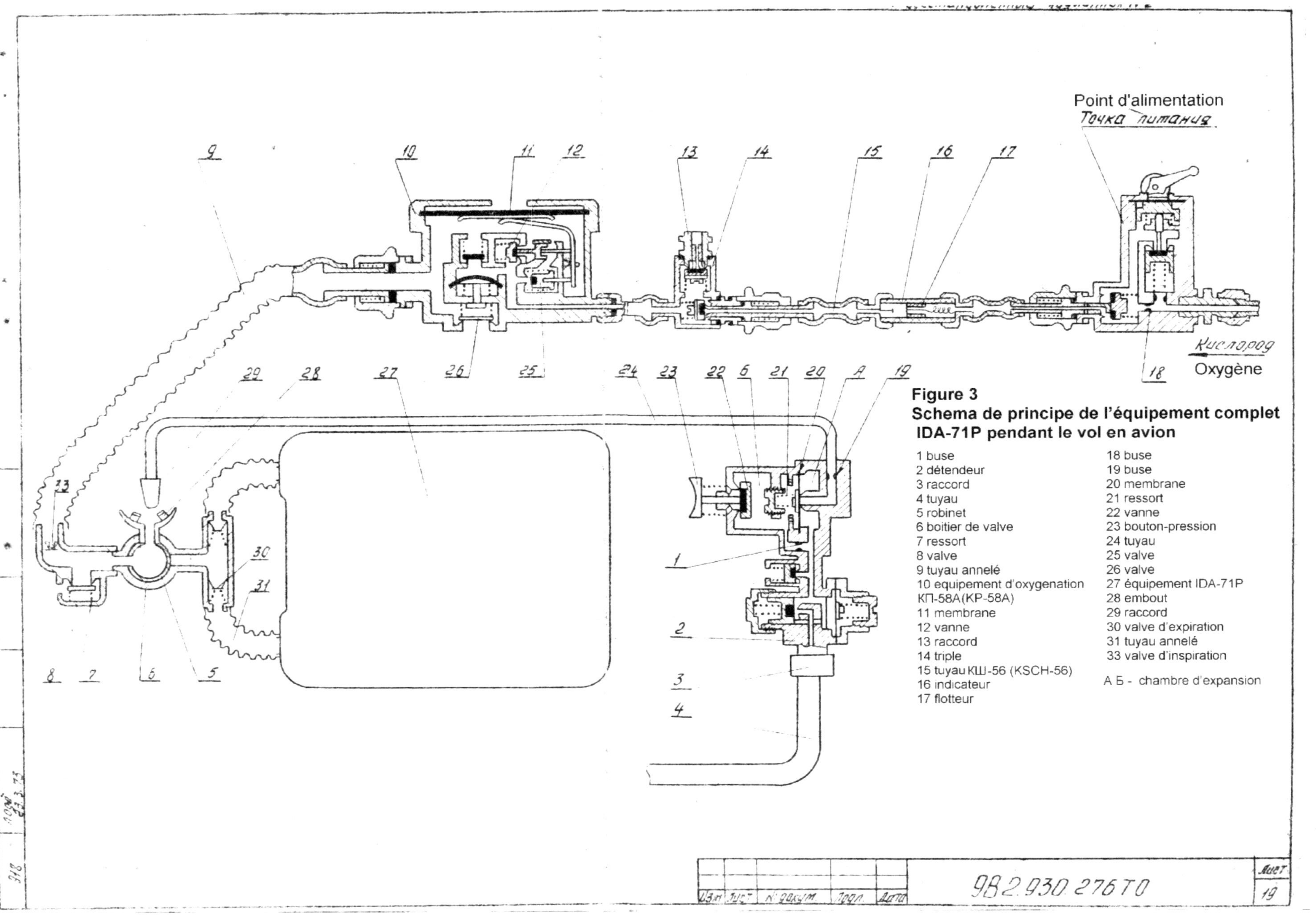

Figure 3
Schema de principe de l'équipement complet IDA-71P pendant le vol en avion

1 buse	18 buse
2 détendeur	19 buse
3 raccord	20 membrane
4 tuyau	21 ressort
5 robinet	22 vanne
6 boitier de valve	23 bouton-pression
7 ressort	24 tuyau
8 valve	25 valve
9 tuyau annelé	26 valve
10 equipement d'oxygenation КП-58A (KP-58A)	27 équipement IDA-71P
11 membrane	28 embout
12 vanne	29 raccord
13 raccord	30 valve d'expiration
14 triple	31 tuyau annelé
15 tuyau КШ-56 (KSCH-56)	33 valve d'inspiration
16 indicateur	
17 flotteur	А Б - chambre d'expansion

9В2.930.276ТО

5.1.4 Fonctionnement de l'équipement lors de saut en parachute depuis un avion ou un hélicoptère t (fig. 3)

Avant de monter dans l'avion ou l'hélicoptère le système respiratoire de l'équipement IDA-71P est rincé à l'oxygène depuis une source au sol au moyen de l' "initialiseur" (ПУСКАТЕЛЮ) Le rinçage du sac respiratoire se fait par l'embout, sur lequel le commutateur du boitier sera mis sur la position « vers l'équipement » (НА АППАРАТ). Pendant le rinçage, le raccord (post 29) est enfoncé dans l'embout (post 28) . L'oxygène circule dans l' « initialiseur » par le tuyau (post 24) et l'embout (post 28) vers le boitier et ensuite à travers la valve d'expiration (post 30) et le tuyau annelé de l'équipement (post 31), vers la cartouche régénératrice et le sac respiratoire. Le mélange gazeux excédentaire du sac respiratoire est évacué vers l'atmosphère à travers la soupape de sécurité du sac respiratoire.

L' « initialiseur » fonctionne de la façon suivante :

Après que la source d'oxygène ait été raccordée par le raccord baïonnette (post 3) au moyen du tuyau (post 4), l'oxygène s'écoule dans le réducteur de pression (post 2) qui réduit la pression de l'oxygène . Cet oxygène sous pression est diffusée par la buse (post 1) et ainsi vers la zone devant la membrane (post 20). Par l'action de cette pression, la membrane (post 20) s'écarte du siège de la valve et laisse passer l'oxygène par la buse (post 19) . Après le passage de la buse (post 19) l'oxygène pénètre par le tuyau (post 14) dans le système respiratoire pour le rincer.

L'oxygène continue à passer vers la zone "Б" (B) par la buse (post 1), jusqu'à ce que les pressions sur les deux faces de la membrane (post 20) soient égales . La membrane est alors repoussée contre le siège de la valve par le ressort (post 21), ce qui interrompt le flux d'oxygène venant de l' "initialiseur".

La durée du rinçage est gérée par la buse (post 1), et la quantité d'oxygène transmise est gérée par la buse (post 19).

Le bouton (post 23) sert à purger le gaz sous pression présent dans le zone "B" (V) . En enfonçant le bouton (post 23) on ouvre la valve (post 22). Le gaz sous pression présent dans la zone "B" (V) est évacué dans l'atmosphère et le processus de rinçage redémarre à nouveau. Le cycle de rinçage permet de maintenir le pourcentage d'oxygène indispensable dans le sac respiratoire.

En commutant la valve (post 5) du boitier de l'embout (post 6) sur la position " НА АППАРАТ " (vers l'équipement) le plongeur commence à respirer l'oxygène présent dans le sac respiratoire. L'équipement fonctionne ainsi comme en plongée sous eau.

Lors de la descente en parachute le volume de gaz dans le système basse pression diminue. Pour la descente donc, la quantité de gaz dans le sac respiratoire ne suffit plus, il s'ensuit un rétablissement du volume par le détendeur de l'équipement.

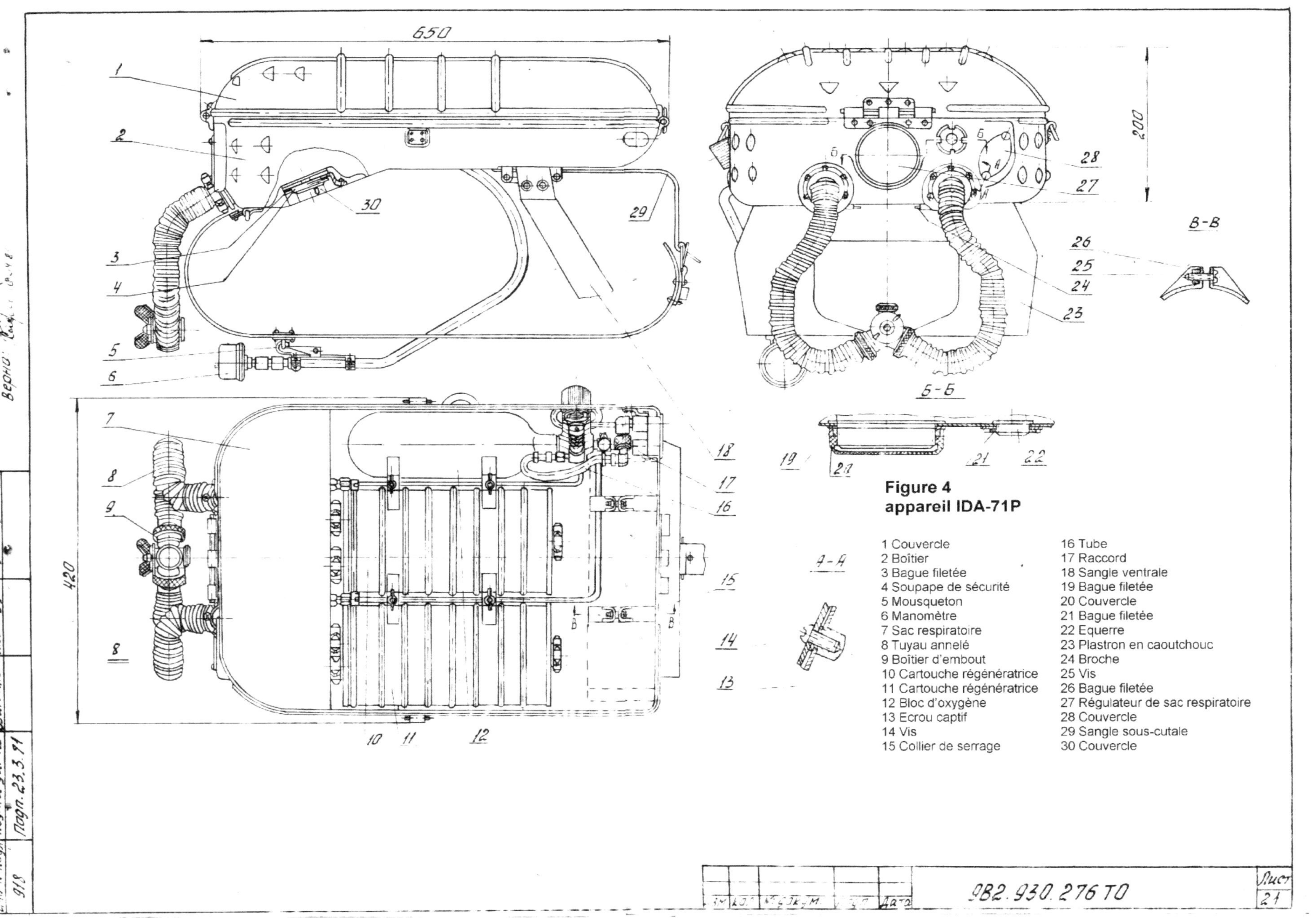

B-B
Б-Б
A-A
Figure 4
appareil IDA-71P
1 Couvercle
2 Boîtier
3 Bague filetée
4 Soupape de sécurité
5 Mousqueton
6 Manomètre
7 Sac respiratoire
8 Tuyau annelé
9 Boîtier d'embout
10 Cartouche régénératrice
11 Cartouche régénératrice
12 Bloc d'oxygène
13 Ecrou captif
14 Vis
15 Collier de serrage
16 Tube
17 Raccord
18 Sangle ventrale
19 Bague filetée
20 Couvercle
21 Bague filetée
22 Equerre
23 Plastron en caoutchouc
24 Broche
25 Vis
26 Bague filetée
27 Régulateur de sac respiratoire
28 Couvercle
29 Sangle sous-cutale
30 Couvercle
9B2.930.276 TO
Подп. 23.3.91

5.2   Construction

5.2.1   Les composants de l'équipement IDA-71P (fig. 4)

Tous les composants connections et assemblages de l'équipement IDA-71P sont rassemblés dans un boîtier solide (post 2) et y sont fixes, à l'exception du manomètre (post 6) , de l'embout (post 9) et de ses tuyaux de liaison respiratoires annelés (post 8). Le boitier est fermé par un couvercle (post 1).

En haut du boitier se trouve le sac respiratoire ou "contre-poumon" qui est fixé au boitier aux cinq points suivants :

- Par le filetage du boitier de la valve à la demande (post 27) au moyen d'un écrou (post 19);
- Par le filetage du boitier de la valve de surpression (post 4), et de son écrou (post 3) ;
- Par les filetages des tuyaux annelés d'entrée et de sortie du sac respiratoire et de leurs écrous respectifs.
- Par le filetage du boitier de la valve de surpression (post 22) et de son écrou (post 21).

En dessous du sac respiratoires sont fixées les deux cartouches régénératrices (post 10 et 11) et le blox d'oxygène (post 12) et son détendeur reliés au coupleur (post 17) par un tuyau métallique (post 16). Le coupleur sert à connecter le bloc Nitrox, le système de purge ou pour connecter l'équipement au dispositif « СТП-4 »(STP-4) de l'avion.

Le sac respiratoire (post7) est connecté à l'embout (post 9) par les deux tuyaux respiratoire annelés (post 8).

Le harnais en caoutchouc (post 23) est fixé au boitier (post 2) par des broches (post 24). L'équipement complet est attaché au plongeur par ce harnais. Une sangle sous-cutale (post 29) et une ceinture (post 18) relient le bas du boitier au harnais (post 23) pour que l'équipement soit bien assujetti au plongeur. Le manomètre (post 6) est attaché au harnais (post 23) par un mousqueton (post 5), permettant ainsi de mettre en vue du plongeur l'affichage de la quantité d'oxygène dans le bloc (post 12)..

Dans certains cas, le système de communication " УГОРЬ-B " (UGOR-V) peut être monté dans l'équipement. La partie « ОДИН » (un) du système de communication est fixée à l'extérieur du boitier à la place du couvercle (post 28) à l'aide de vis. Pour monter la partie « ОДИН » (un) du système de communication, on enlève les vis (post 14) du couvercle. La partie « ШЕСТНАДЦАТЬ » (seize) du système de communication est attachée à l'intérieur du boitier par des bracelets (post 15). Le couvercle (post 1) est attaché au boitier (post 2) par des charnières..

Un couvercle (post 20) est fixé sur le boitier de la valve à la demande , pour protéger la membrane de la pression parasite produite par l'eau lors du mouvement de progression du plongeur . L'équipement est utilise conjointement avec une combinaison de plongée.

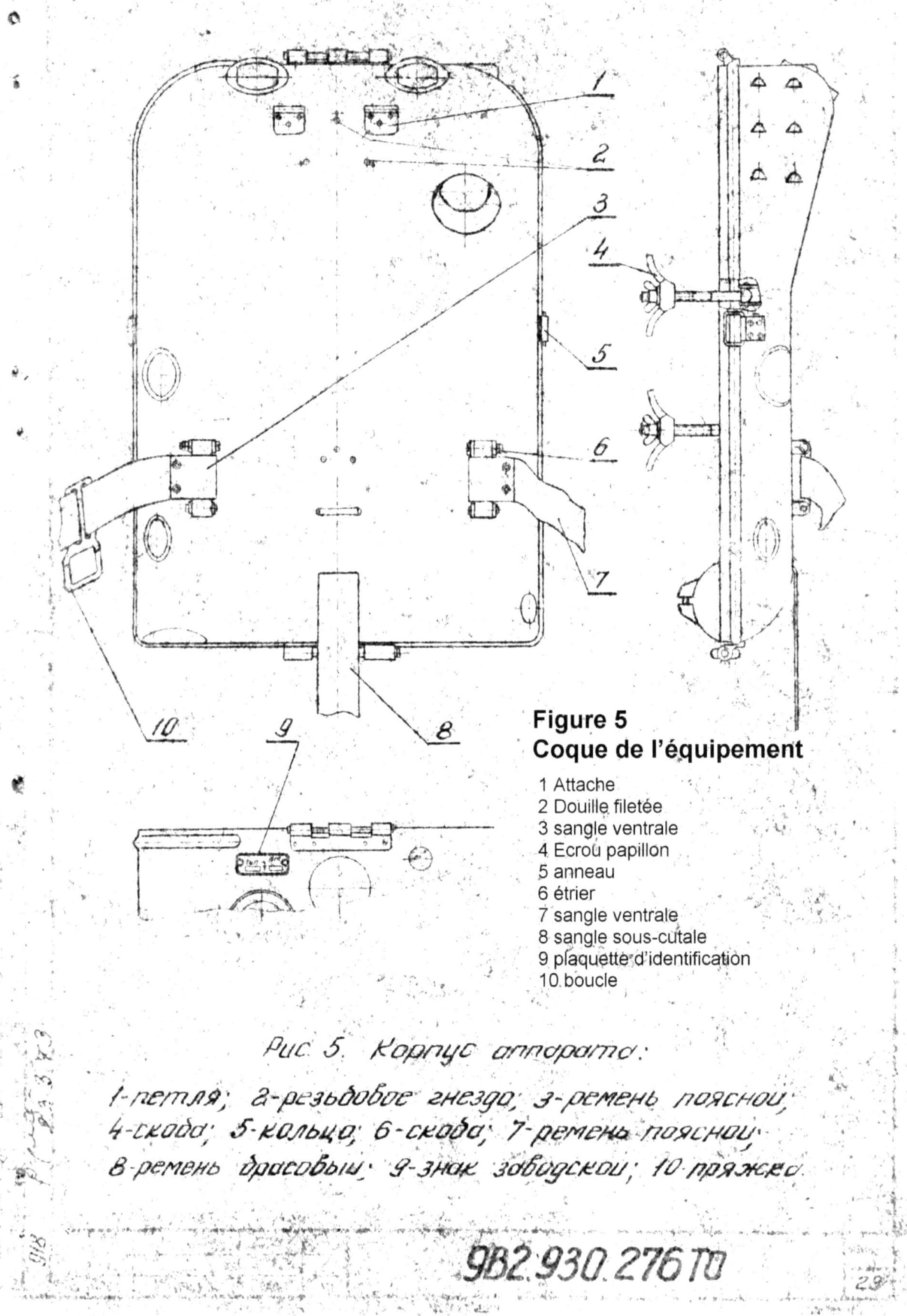

Figure 5
Coque de l'équipement

1 Attache
2 Douille filetée
3 sangle ventrale
4 Ecrou papillon
5 anneau
6 étrier
7 sangle ventrale
8 sangle sous-cutale
9 plaquette d'identification
10 boucle

Рис. 5. Корпус аппарата:

1-петля; 2-резьбовое гнездо; 3-ремень поясной;
4-скоба; 5-кольцо; 6-скоба; 7-ремень поясной;
8-ремень брасовый; 9-знак заводской; 10-пряжка.

9В2.930.276ТО

30

5.2.2 <u>Boîtier et couverce de l'équipement</u>

a) Boîtier (fig. 5)

Le boîtier est destine à l'installation de différents composants de l'équipement et à protéger ceux-ci de tout dommage mécanique. Il est construit à partir d'une feuille d'aluminium emboutie en forme de boîtier. L'intérieur du boîtier comporte des barrettes et des entretoises qui sont destinées à la fixation des cartouches de régénération et au bloc d'oxygène , elles servent aussi à assurer la rigidité du boîtier.
.

Dans le boîtier :;

- 2 boucles (pos 1) pour attacher le tablier de protection en caoutchouc.
- Ceintures (pos 3 and 7),
- Sous-cutale (pos 8),
- Boucle (pos 10) pour attacher le bloc Nitrox,
- 3 alésages filetés (pos 2) pour attacher le système accessoire au moyen des plaquettes et vis contenues dans la pochette d'outils,
- Bride (pos 4) pour attacher les cartouches et le bloc d'oxygène.
- Bride (pos 6) et anneau (pos 5) pour attacher les ceintures et le système accessoire.

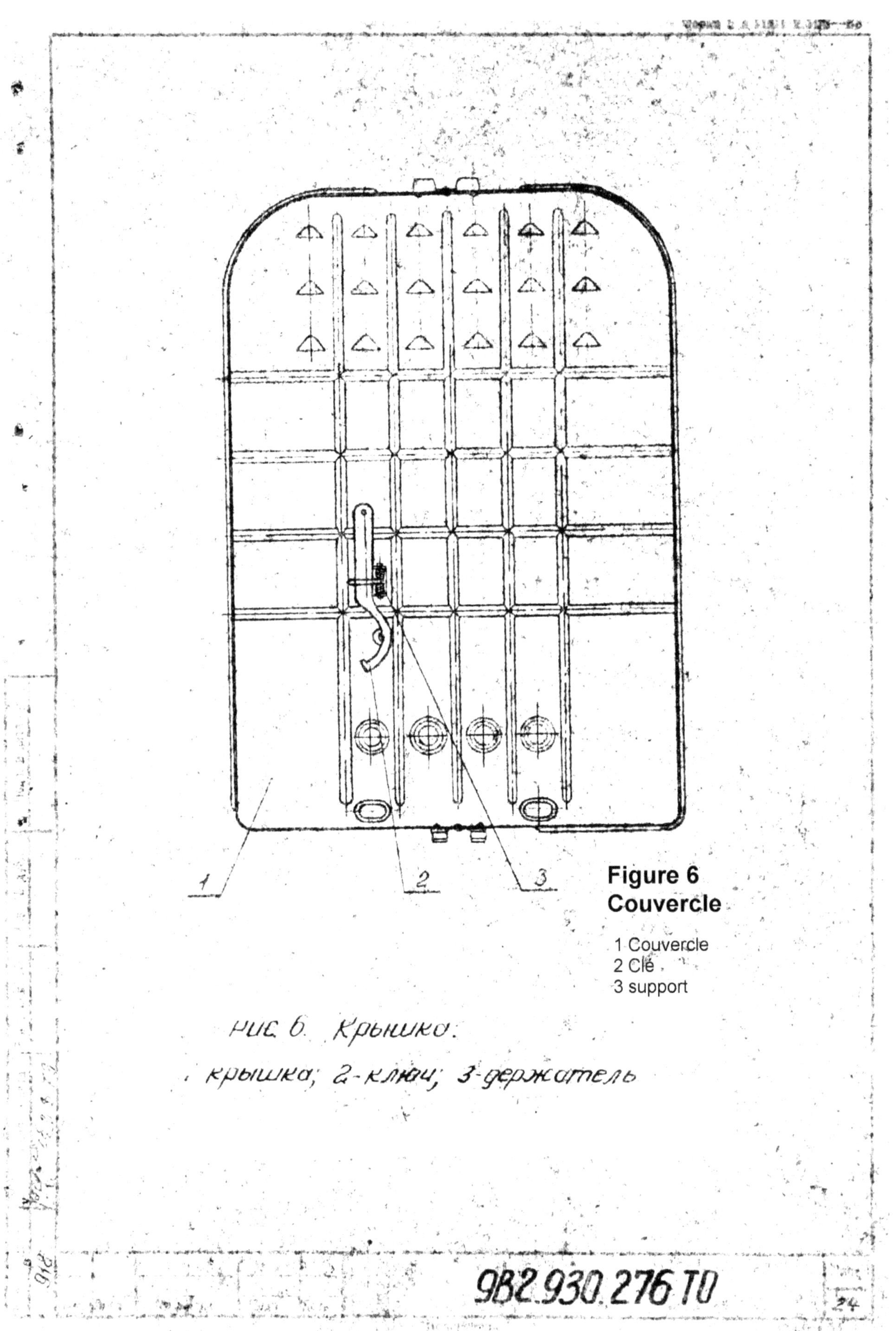

Figure 6
Couvercle

1 Couvercle
2 Clé
3 support

рис. 6. Крышка.

1-крышка; 2-ключ; 3-держатель

982.930.276 ТО

b) Couvercle (fig. 6)

Le couvercle sert à protéger les composants de l'équipement contre les dommages mécaniques. A l'intérieur du couvercle est fixée une bride flexible (pos 3) dans laquelle une clé à ergot (pos 2) pour le serrage des écrous ronds vient s'insérer. Cette clé à ergot est utilisée pour fixer les cartouches régénératrices de sorte qu'aucun autre outil soit nécessaire.
.

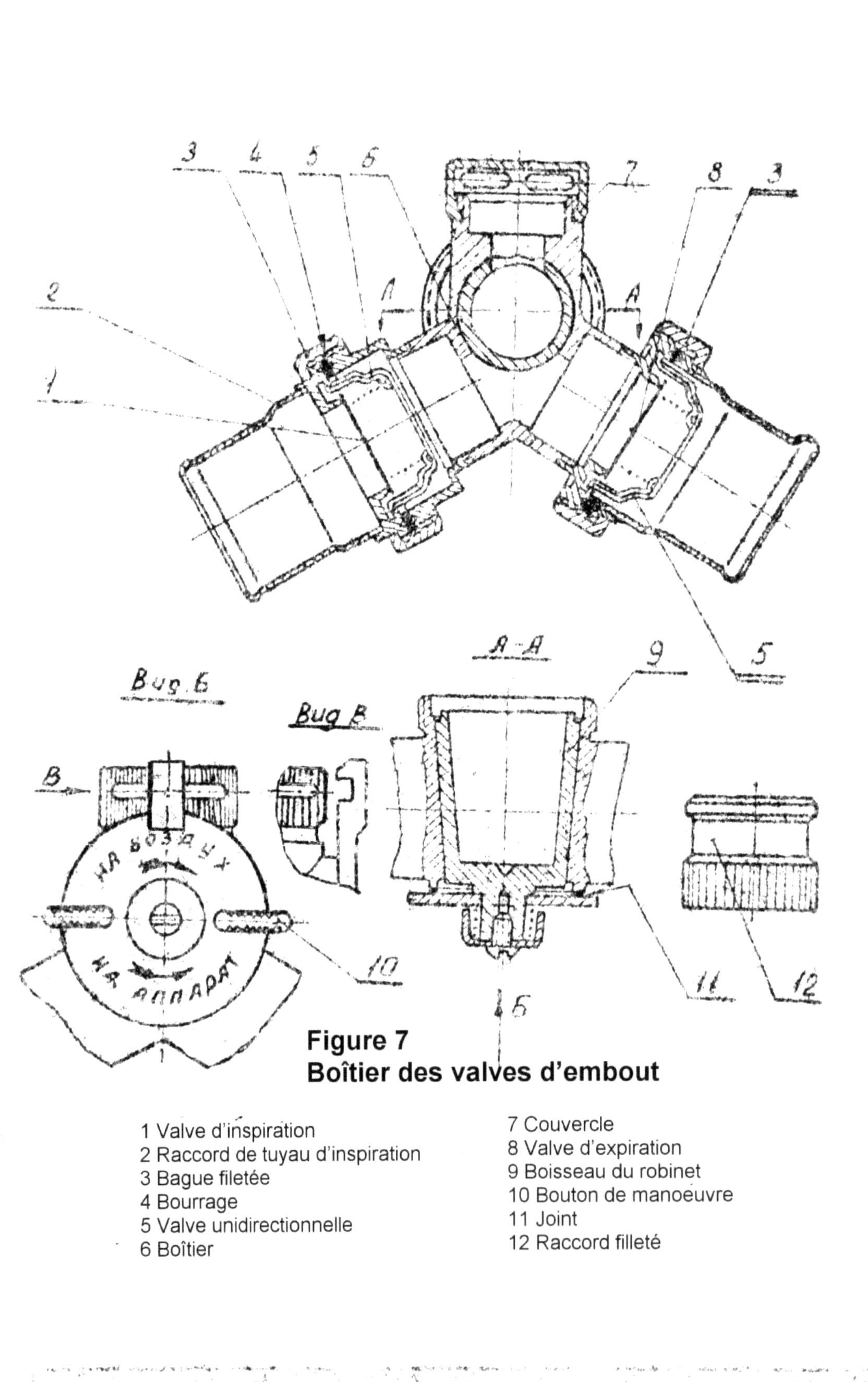

**Figure 7
Boîtier des valves d'embout**

1 Valve d'inspiration
2 Raccord de tuyau d'inspiration
3 Bague filetée
4 Bourrage
5 Valve unidirectionnelle
6 Boîtier
7 Couvercle
8 Valve d'expiration
9 Boisseau du robinet
10 Bouton de manoeuvre
11 Joint
12 Raccord filleté

5.2.3 Embout (fig. 7)

L'embout comporte les éléments suivants :

* Le boîtier principal (pos 6),
* Les valves d'inspiration (pos 1) et d'expiration(pos 8), qui gèrent la circulation du gaz lors de l'inspiration et de l'expiration.
* La valve rotative (pos 9), qui permet de commuter la respiration « НА ВОЗДУХ » (vers l'atmosphère) ou « НА АППАРАТ » (vers l'appareil) . Le changement s'opère en basculant le levier papillon (pos 10) vers la gauche ou vers la droite. .

De même que lors de la connexion vers l'équipement auxiliaire par la commutation « НА ВОЗДУХ » (vers l'atmosphère), le couvercle (post 7) de la base du raccord peut être enlevé pour y connecter un tube (voir fig. 8) en utilisant le connecteur (post 12)

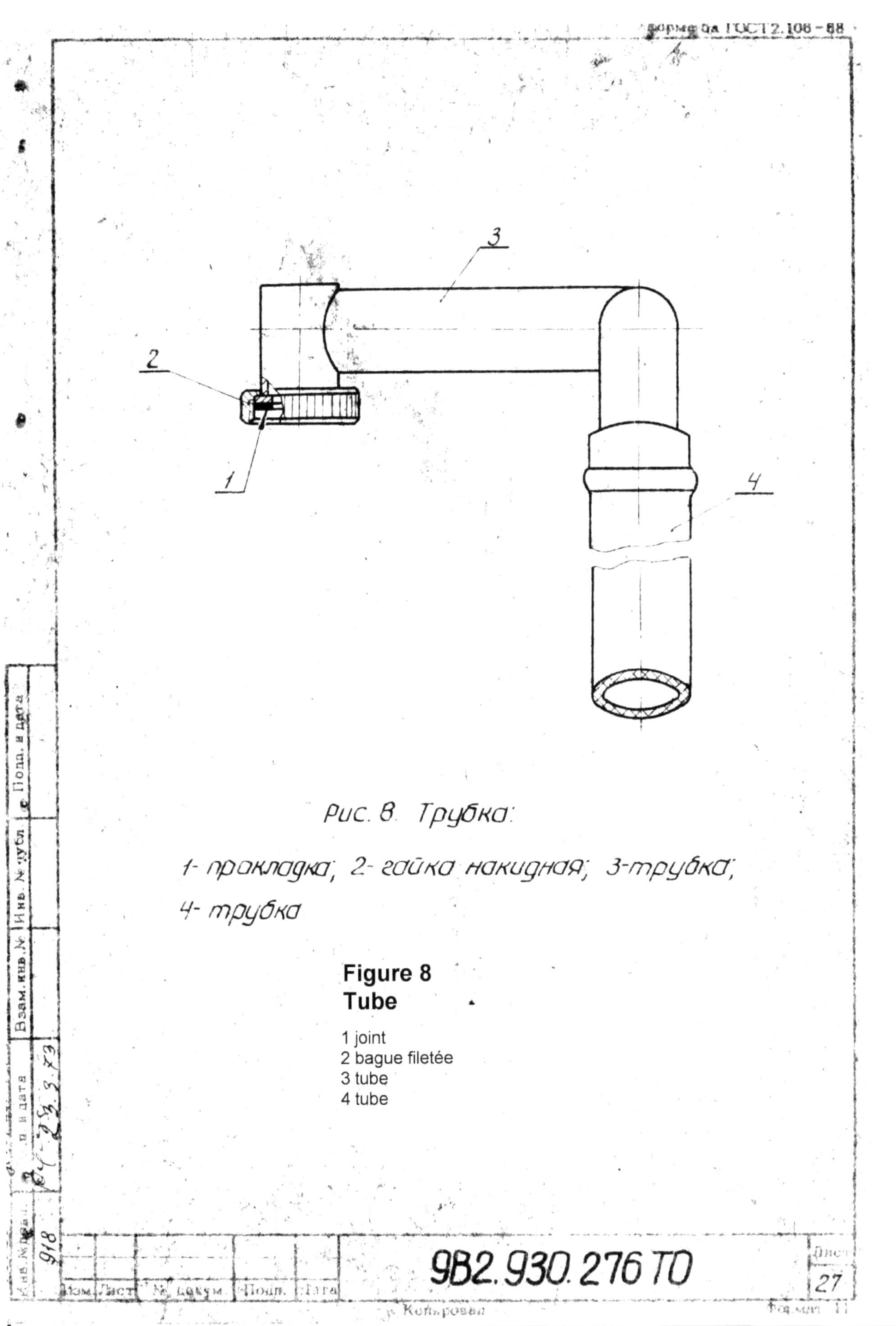

Рис. 8 Трубка:

1- прокладка; 2- гайка накидная; 3-трубка;
4- трубка

**Figure 8
Tube**

1 joint
2 bague filetée
3 tube
4 tube

9В2.930.276ТО

Лист
27

Le couvercle (pos 7) empêche l'introduction d'eau dans l'embout lors de la respiration normale d'air. Le tube (voir fig 8) est utilise par le plongeur comme un tuba pour respirer en surface lors de nage sur longues distances en surface. Ce même connecteur (post 12) est utilisé pour connecter le tuyau annelé (voir fig 22) sur l'embout , lors de vols en avion. (ndt : voir 5.1.3 et 5.1.4).

La distibution du mélange gazeux dans le canal correspondant lors de l'inspiration et de l'expiration s'effectue de la façon décrite ci dessous :

Lors de la première Inspiration, la pression dans l'embout diminue, ce qui produit la fermeture correcte de la valve d'expiration (post 8) sur son siège. La valve d'inspiration (post 1) s'ouvre et permet l'arrivée du mélange de gaz. Lors de l'expiration, une pression positive s'applique sur la valve d'inspiration (post 1) et ferme celle ci dans l'embout. Cette pression ouvre aussi la valve d'expiration, et le mélange gazeux expiré est injecté dans les cartouches de régénération et ensuite dans le sac respiratoire

.

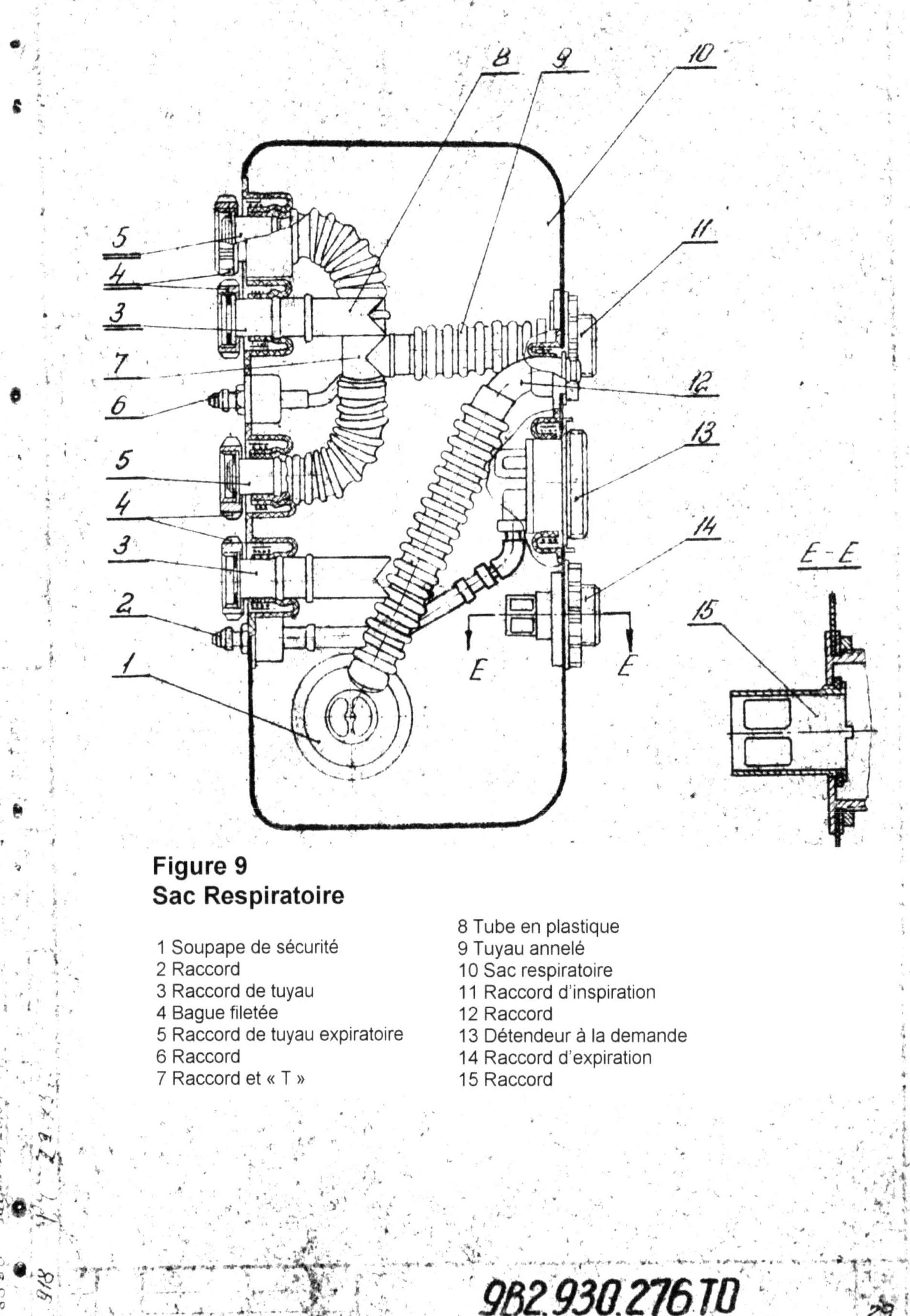

Figure 9
Sac Respiratoire

1 Soupape de sécurité
2 Raccord
3 Raccord de tuyau
4 Bague filetée
5 Raccord de tuyau expiratoire
6 Raccord
7 Raccord et « T »

8 Tube en plastique
9 Tuyau annelé
10 Sac respiratoire
11 Raccord d'inspiration
12 Raccord
13 Détendeur à la demande
14 Raccord d'expiration
15 Raccord

982.930.276 TD

5.2.4 <u>Le sac respiratoire (contre poumon) (fig. 9)</u>

C'est le réservoir pour les gaz expires. Il a un volume pouvant aller jusqu'à 8 litres. Ce sac respiratoire est constitué de caoutchouc flexible et comporte les dispositifs suivants:

- Valve à la demande   (pos 13),
- Valve de surpression (pos 1),
- Dispositif de connexion pour l'inspiration (pos 3) et l'expiration (pos 5) avec écrou flottant (pos 4) pour la connexion des cartouches régénératrices.
- Dispositif de connexion pour l'inspiration (pos 14) et l'expiration (pos 11)
- Dispositif de connexion (pos 2) pour l'alimentation en gaz de la valve à la demande. ,
- Dispositif de connexion (pos 6) pour l'alimentation en gaz lors du rinçage du circuit respiratoire.
- Dispositif de connexion (pos 12) qui sert à l'évacuation du gaz venant de la valve de surpression (pos 1)

La valve à la demande (post 13), les raccords des cartouches régénératrices (post 3 et 5) et d'autres raccords (post 2,6,et 12) sont montés sur des buses inverses du sac respiratoire. Les autres raccords de connexion (post 11 et 14) ainsi que la valve de surpression (post 1) sont fixes au moyen d'entretoises et d'écrous sur les ouvertures.
.

Le tuyau respiratoire annelé (post 9) est connecté par un "T" (post 7) au clapet d'expiration (post 11). La pièce en "T" (post 7) est aussi connectée via deux tuyaux respiratoires annelés aux cartouches régénératrices (post 5) et au tuyau de purge à travers le raccord (post 6)

Les raccords d'inspiration (post 3) et d'expiration (post 5) sont raccordés respectivement sur leurs raccords correspondants des cartouches régénératrices. Au raccord d'inspiration (post 14) est attaché le tuyau respiratoire annelé pour l'inspiration allant vers l'embout, auquel est attaché le tuyau respiratoire annelé pour l'expiration qui s'attache au raccord d'expiration du sac respiratoire (post 11).

Pour éviter que de l'eau venant du sac respiratoire (dans le cas où l'embout n'aurait pas été fermé correctement) ne coule dans les cartouches régénératrices et le tuyau d'inspiration, des tuyaux en caoutchouc (post 8) sont montés à l'intérieur du sac respiratoire sur les connections d'inspiration (post 3), ainsi qu'un autre (post 15) vissé sur le raccord d'inspiration (post 14)..

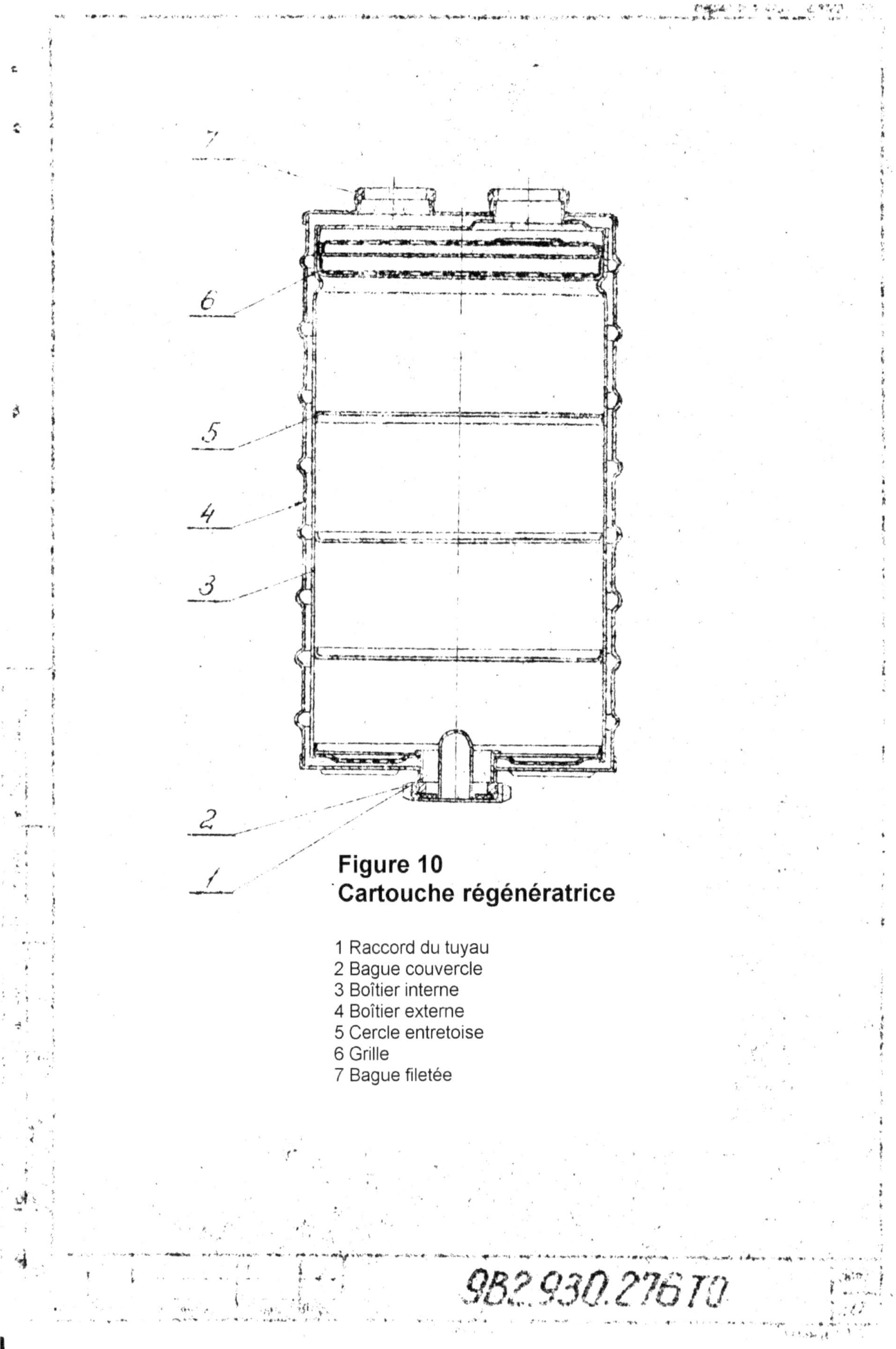

Figure 10
Cartouche régénératrice

1 Raccord du tuyau
2 Bague couvercle
3 Boîtier interne
4 Boîtier externe
5 Cercle entretoise
6 Grille
7 Bague filetée

La cartouche régénératrice contenant la substance "O-3" (O-Z) est destinée non seulement à absorber le dioxyde de carbone du mélange gazeux expiré, mais aussi à produire un supplément d'oxygène.
La cartouche contenant la substance absorbante " ХП-И " (HP-I) sert aussi à absorber le dioxyde de carbone du mélange gazeux expiré.
Les deux cartouches sont de même construction. Le boîtier est à double paroi , de forme ovale, fabriqué à partir de feuilles de laiton, et sont remplies de substance absorbante et régénératrice. Ces cartouches sont de deux couleurs différentes. La cartouche contenant la substance "O-3" (O-Z) est de couleur bleu clair, celle contenant la substance " ХП-И " (HP-I) est de couleur gris clair.
L'intervalle entre la paroi intérieure (post 3) et la paroi extérieure (post 4) permet le passage du mélange gazeux et a aussi une fonction de couche de réchauffement. La paroi intérieure (post 3) et les entretoise perforées (post 5) sont soudées entre elles, et permettent ainsi au flux de mélange gazeux une réaction correctement répartie avec les substances "O-3" (O-Z) et " ХП-И " (HP-I) .
Un bouchon (post 1) est prévu à la base pour le remplissage de la cartouche. Les raccords filetés (post 7) de la paroi supérieure permettent le raccordement au sac respiratoire. Une grille en chicane (post 6) est prévue à la partie supérieur du boîtier intérieur pour empêcher la substance absorbante de sortir de la cartouche, tout en permettant le passage du mélange gazeux.

La cartouche " ХП-И " - химопоглатитель известковый (=chimio-absorbeur chaux) (HP-I) contient un mélange réactif comprenant les composants suivants :
a(OH)$_2$:   80%
H$_2$O :   17%
NaOH :   2%
KOH :   1%

La réaction chimique est la suivante :
$CO_2 + H_2O > H_2 CO_3 + t°$
$H_2 CO_3 + 2NaOH > Na_2CO_3 + 2H_2O$
$Na_2CO_3 + Ca(OH)_2 > CaCO_3 + 2NaOH$
soit au total :
$CO_2 + Ca(OH)_2 > CaCO_3 + H_2O + t°$

La cartouche "O-3" О-ЗАПОЛНИТЬ (O$_2$ remplisseur) (O-Z) contient un mélange de superoxyde de potassium : KO_2.

La réaction chimique est la suivante :
Hydrolyse du KO_2
$4KO_2 + 2H_2O > 4KOH + 3O_2 + t°$
Réaction avec le CO_2
$4KOH + 2CO_2 > 2K_2CO_3 + 2H_2O$
S'il y a suffisamment de CO_2 et de vapeur d'eau
$2K_2CO_3 + 2CO_2 + 2H_2O > 4KHCO_3$
Sinon les 2 K_2CO_3 ne se transforment pas en 4 $KHCO_3$

Donc 3 O_2 générés pour 4 CO_2 réduits, même s'il n'y a pas assez de CO_2 pour une réaction complète, l'oxygène continue à être produit grâce à la vapeur d'eau contenue dans le gaz exhalé.

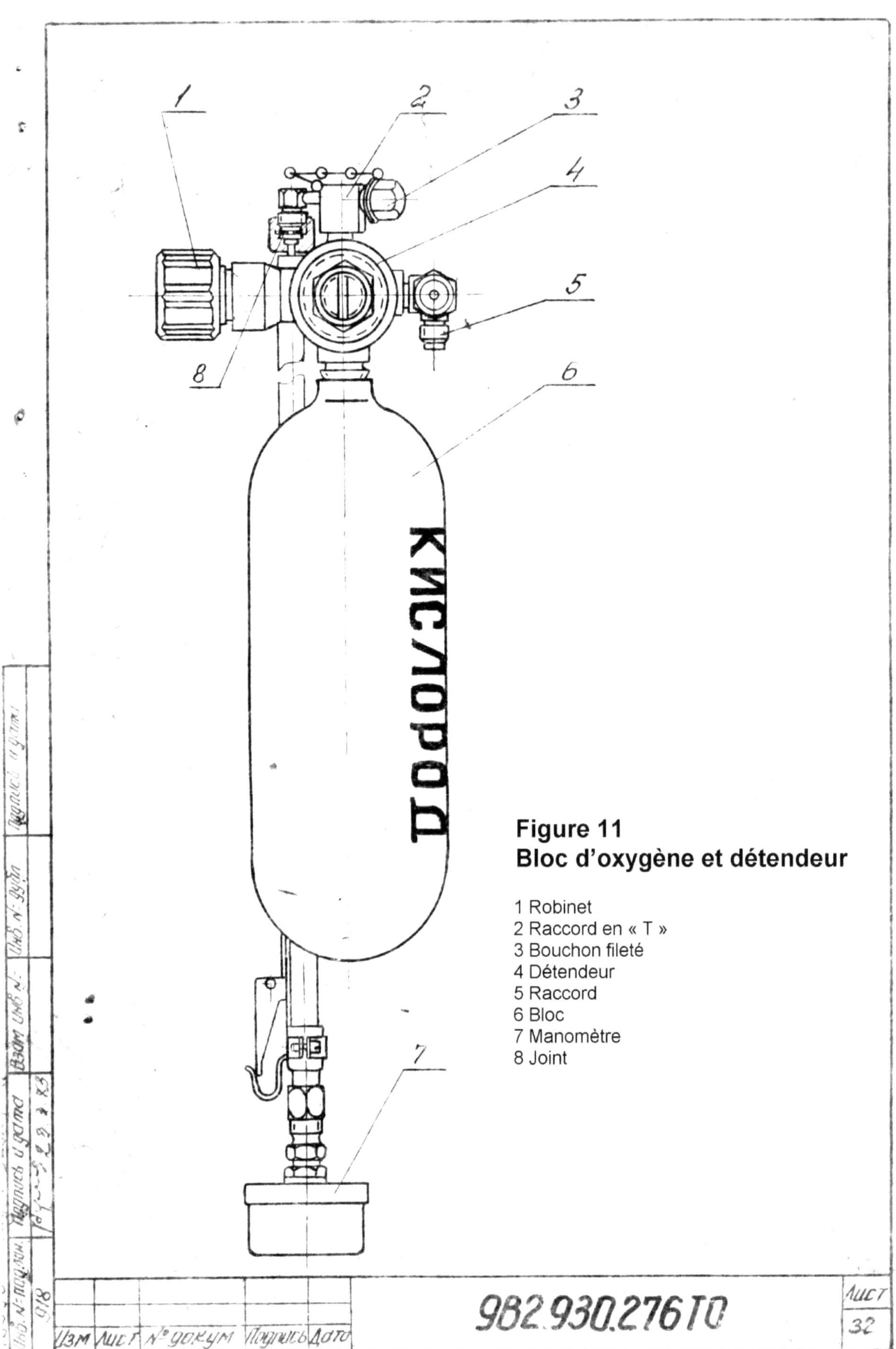

Figure 11
Bloc d'oxygène et détendeur

1 Robinet
2 Raccord en « T »
3 Bouchon fileté
4 Détendeur
5 Raccord
6 Bloc
7 Manomètre
8 Joint

5.2.6 <u>Bloc oxygène et détendeur (fig. 11)</u>

Le bloc oxygène, peint en couleur bleu clair, et son détendeur forment le réservoir d'oxygène gazeux. Le bloc a un volume de 1 litre et est prévu pour une pression de service de 200 bar. Sur le côté du bloc oxygène, une inscription « КИСЛОРОД »(oxygène) est notée en caractères noirs. (ndt : selon les normes russes toute source d'oxygène a une couleur bleu clair)

Le détendeur (post 4) est vissé sur le col du bloc (post 6) et bloqué par de la colle à la glycérine.. Un manomètre (post 7) est monté sur un raccord triple (post 2), il indique la pression d'oxygène dans le bloc lors de l'ouverture du robinet. Le remplissage du bloc s'effectue sur une entrée du raccord triple (post 2), qui est fermée en temps normal par un bouchon (post 3). Un tuyau est attaché au raccord basse pression (post 5) du détendeur, et raccorde celui ci sur le couplage de la valve à la demande. .

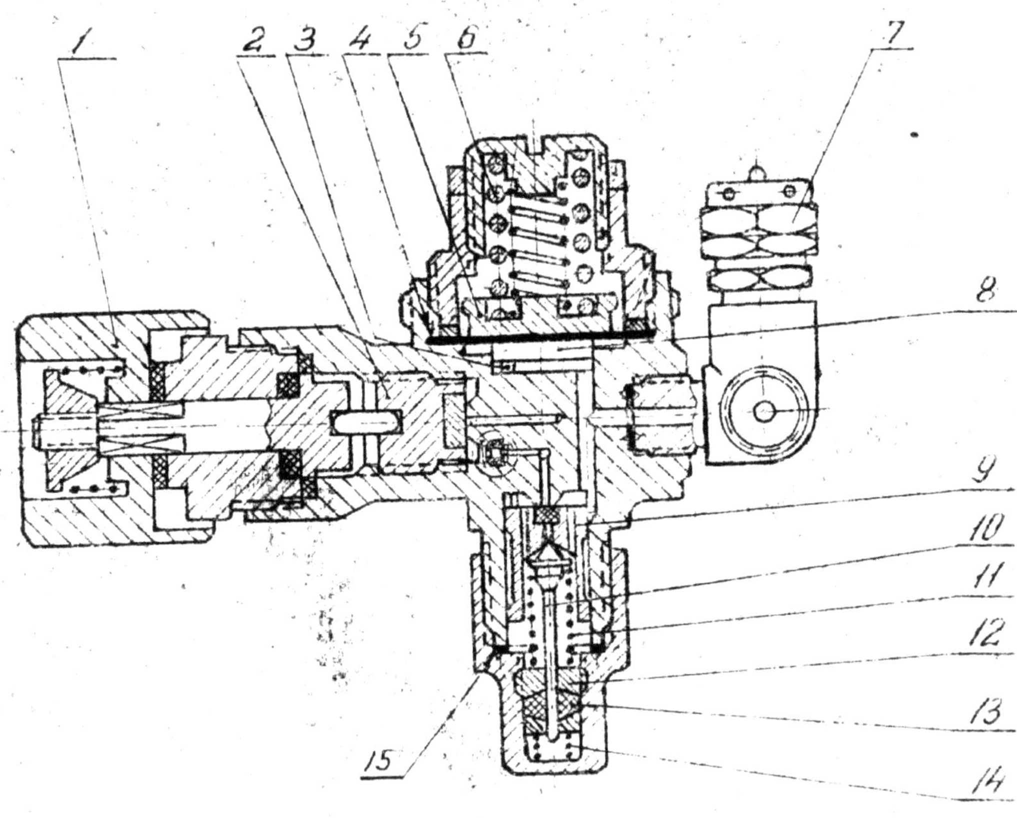

Рис.12. Редуктор кислородного баллона:
1-маховичок; 2-клапан; 3-толкатель; 4-мембрана;
5-опора пружины; 6-пружина; 7-предохранительный
клапан; 8-сухарь; 9-клапан; 10-опора пружины;
11-пружина; 12-гайка; 13-втулка разрезная,
14-пружина; 15-прокладка.

Figure 12
Détendeur du bloc d'oxygène

1 Volant	8 Disque
2 Soupape	9 Soupape
3 Poussoir	10 Support de ressort
4 Membrane	11 Ressort
5 Support de ressort	12 bague filetée
6 Ressort	13 Tampon
7 Soupape de sureté	14 Ressort
	15 Joint

9B2.930.276ТО

5.2.7 Détendeur du bloc oxygène (fig. 12)

Le détendeur est destiné à réduire la pression de l'oxygène fourni par le bloc. Le détendeur
est inclus dans un boîtier comportant un robinet. Le but est de réduire la taille du détendeur et
le nombre de connections..
En tournant le volant (post 1) dans le sens inverse des aiguilles d'une montre, la valve (post 2)
remonte de son siège et permet à l'oxygène de passez du bloc dans le détendeur. En tournant
le volant dans le sens des aiguilles d'une montre, la valve (post 2) se repose sur son siège et
ainsi interromp le flux d'oxygène dans le détendeur..

Initialisation du détendeur

Lorsque la valve (post 2) est fermée, il n'y a pas de pression dans la chambre du détendeur et
en dessous de la valve (post 9), le ressort (post 6) presse sur son support (post 5), sur le
disque de membrane (post 8), et le poussoir (post 3) de la membrane ouvre la valve (post 9).

Lorsque la valve (post 2) est ouverte, l'oxygène entre dans le détendeur. Par la pression du
gaz, la membrane (post 4) s'incurve vers le haut en comprimant le ressort (post 6). Par la
pression du ressort (post 11) la valve (post 9) se referme sur son siège, interrompant ainsi le
flux de gaz dans le corps du détendeur.

Lorsque le gaz sort du détendeur, la valve (post 9) se décolle de son siège de sorte qu la
quantité de gaz passant par la valve (post 9) soit la même que la quantité de gaz sortant du
détendeur..

Un dispositif de freinage est inclus dans le détendeur, pour amortir les oscillations de la valve
(post 9) dans le but de protéger le siège de dommages. Ce dispositif de freinage se compose
d'un écrou (post 12) avec une face concave, pour recevoir un manchon (post 13) . Ce
manchon (post 13) est poussé par un ressort (post 14) ce qui entraîne l'axe de ressort (post
10) qui agit sur la valve (post 9).
Dans le corps du détendeur en face des raccords sont frappés les indications «В / Д » et «Н /
Д », correspondant aux raccords respectivement haute pression «В / Д » : « ВЫСОКОГО
ДАВЛЕНИА», et basse pression . «Н / Д » : « НИЗКОГО ДАВЛЕНИА».
Une valve de surpression (post 7) est montée sur le détendeur pour empêcher une pression
excessive accidentelle sur le circuit basse pression.

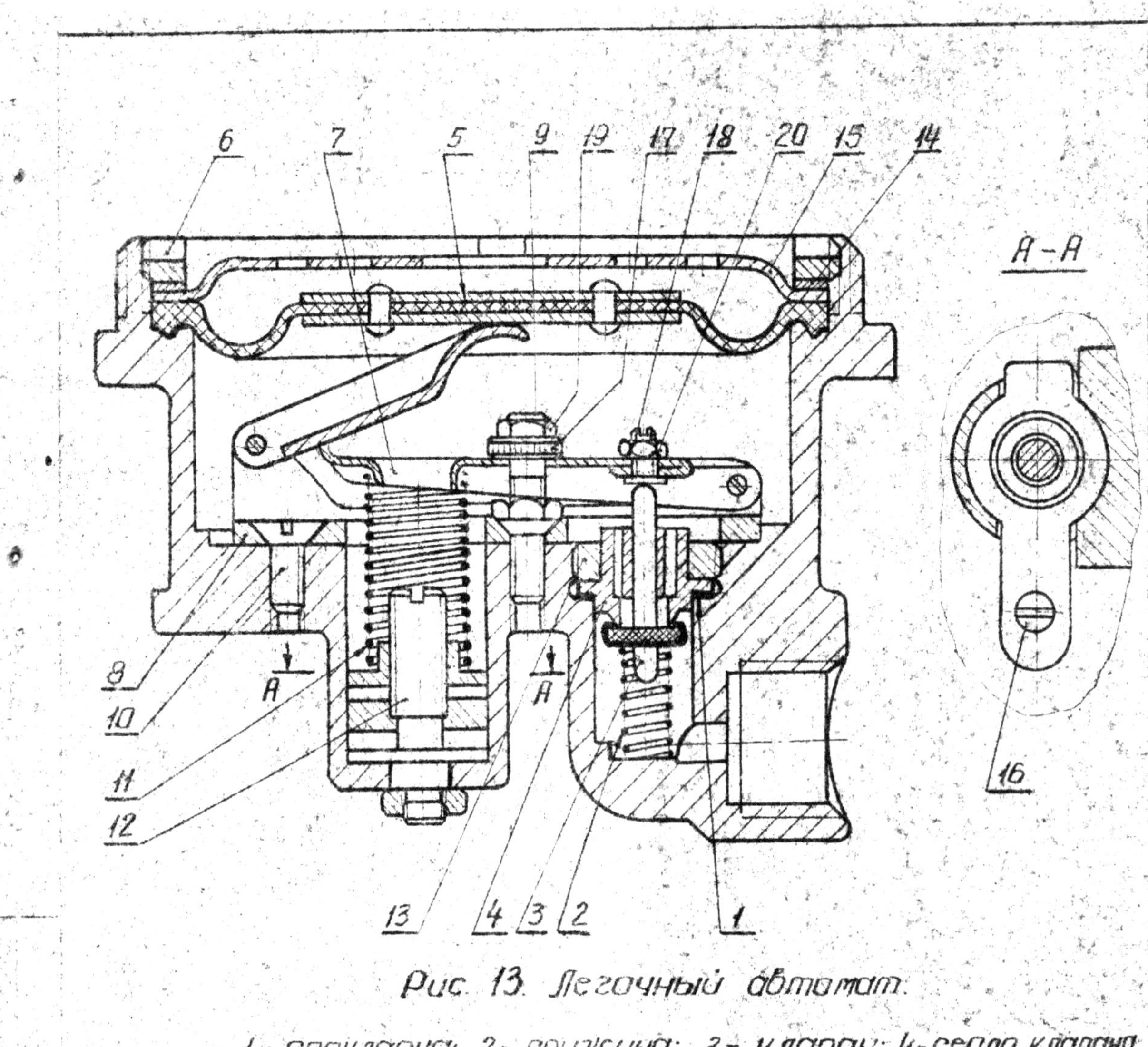

Рис. 13. Легочный автомат.

1- прокладка; 2- пружина; 3- клапан; 4- седло клапана;
5- мембрана; 6- кольцо резьбовое; 7- рычаг;
8- основание; 9- стойка; 10- винт; 11- пружина;
12- винт регулировочный; 13- винт; 14- шайба;
15- решетка; 16- винт; 17- гайка; 18- регулировочный
винт; 19- гайка; 20- гайка.

Figure 13
Détendeur du contre poumon

1 Joint	11 Ressort
2 Ressort	12 Vis de réglage
3 Soupape	13 Vis
4 Siège de soupape	14 Rondelle
5 Membrane	15 Grille
6 Bague filetée	16 Vis
7 Levier	17 Bague filetée
8 Base	18 Vis de réglage
9 Arrêtoir	19 Ecrou
10 Vis	20 Ecrou

9В2.930.276 ТО

35

5.2.8 <u>Valve à la demande , ou détendeur du contre-poumon (fig. 13)</u>

La valve à la demande est conçue pour l' alimentation automatique en oxygène ou en Nitrox ,
dans le cas où il n'y a plus assez de gaz dans la boucle pour assurer la respiration. La valve à
la demande sert également à compléter le volume du sac respiratoire si besoin en est et
équilibre la pression dans celui ci pour s'adapter à la profondeur lors de la descente du
plongeur. Ceci est effectué par l'action du gaz sur des membranes et leviers. Le siège (post
4) de la valve est appliqué sur la valve (post 3) par l'action du ressort (post 2) et du gaz à
l'entrée

Par une réduction de la pression sur la face intérieure de la membrane, ou par une pression
positive sur sa face extérieure, la membrane (post 5) s'incurve vers l'intérieur et contre la force
du ressort (post 11), ceci ouvre la valve (post 3) par le système de leviers, et le gaz passe au
travers du siège de la valve vers le sac respiratoire. Avec l'égalisation de la pression, la
membrane (post 5) revient à sa position d'origine, Par l'action du ressort (post 11) le levier
rlâche la valve (post 3), elle se repose sur son siège et interrompt le flux de gaz vers le sac
respiratoire en fermant le passage.

.

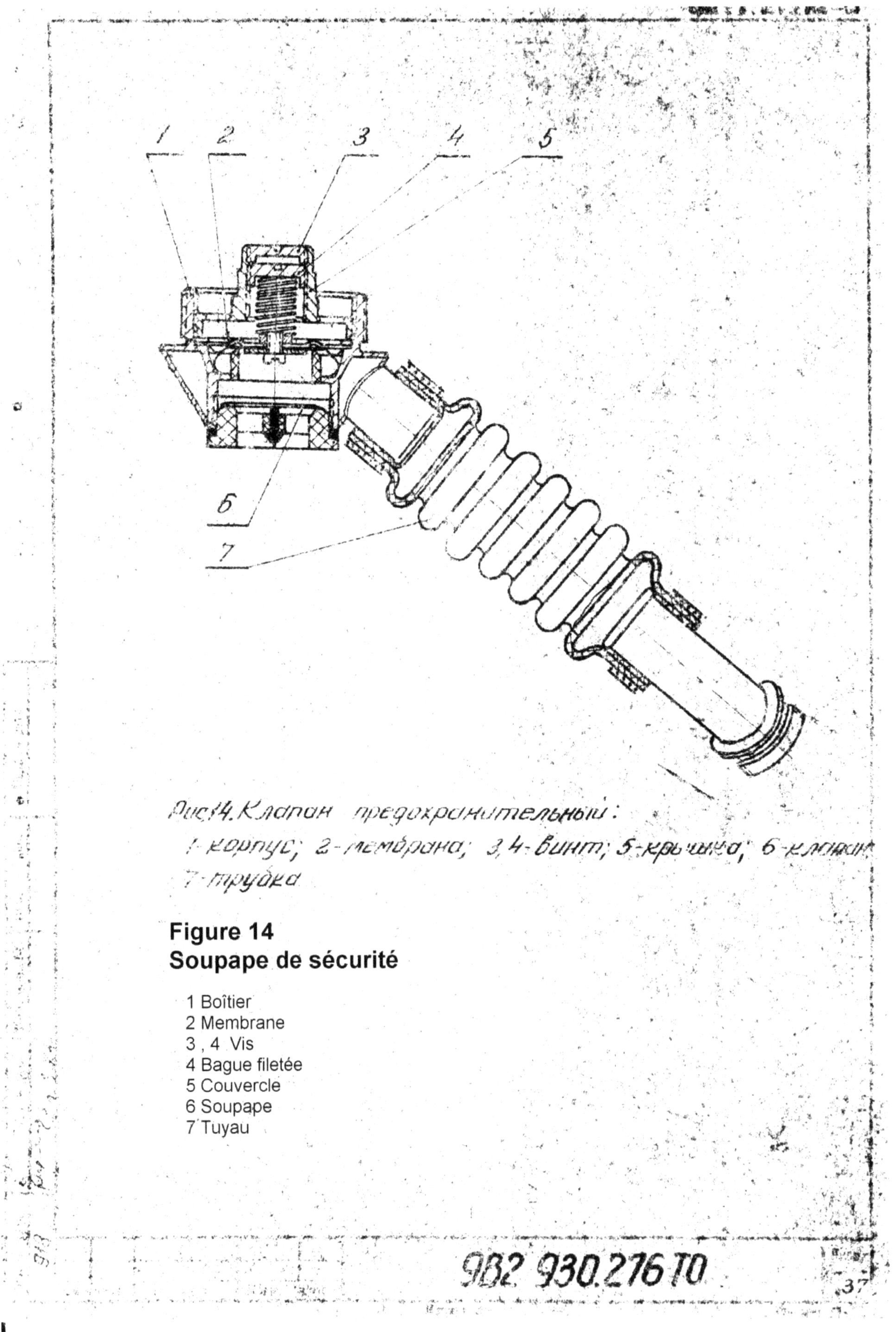

Рис.14. Клапан предохранительный:
1-корпус; 2-мембрана; 3,4-винт; 5-крышка; 6-клапан;
7-трубка

Figure 14
Soupape de sécurité

1 Boîtier
2 Membrane
3 , 4 Vis
4 Bague filetée
5 Couvercle
6 Soupape
7 Tuyau

9В2 930 276 ТО

5.2.9 <u>Valve de surpression, ou soupape de sécurité (fig. 14)</u>

La valve de surpression est destinée à évacuer automatiquement le surplus de mélange
gazeux présent dans le circuit respiratoire et protège le sac respiratoire de toute surpression.
La valve de surpression est montée sur le sac respiratoire et fixée sur un support du boîtier de
l'appareil. .

Une membrane (post 2) est présente dans le boîtier (post 1), celle ci actionne une valve (post
6) qui empêche la pénétration d'eau dans le sac respiratoire. L'ajustement de l'action de la
membrane (post 2) est rendu possible par l'action de la vis (post 4) qui est bloquée par un
écrou (post 3).

Ainsi le volume du sac respiratoire peut être utilisé en totalité dans toutes les positions de
l'équipement. La valve de surpression comporte un tuyau annelé (post 7) par lequel le gaz en
surplus peut être évacué vers l'ambiance.
La partie filetée du tuyau annelé est fixée au boîtier de l'équipement, l'autre extrémité est
reliée à la valve de surpression.

La valve de surpression est fixée au sac respiratoire et au boîtier de l'équipement par une
partie filetée , qui est prévue à la partie extérieur du boîtier (post1), sur laquelle se visse un
anneau fileté de blocage.

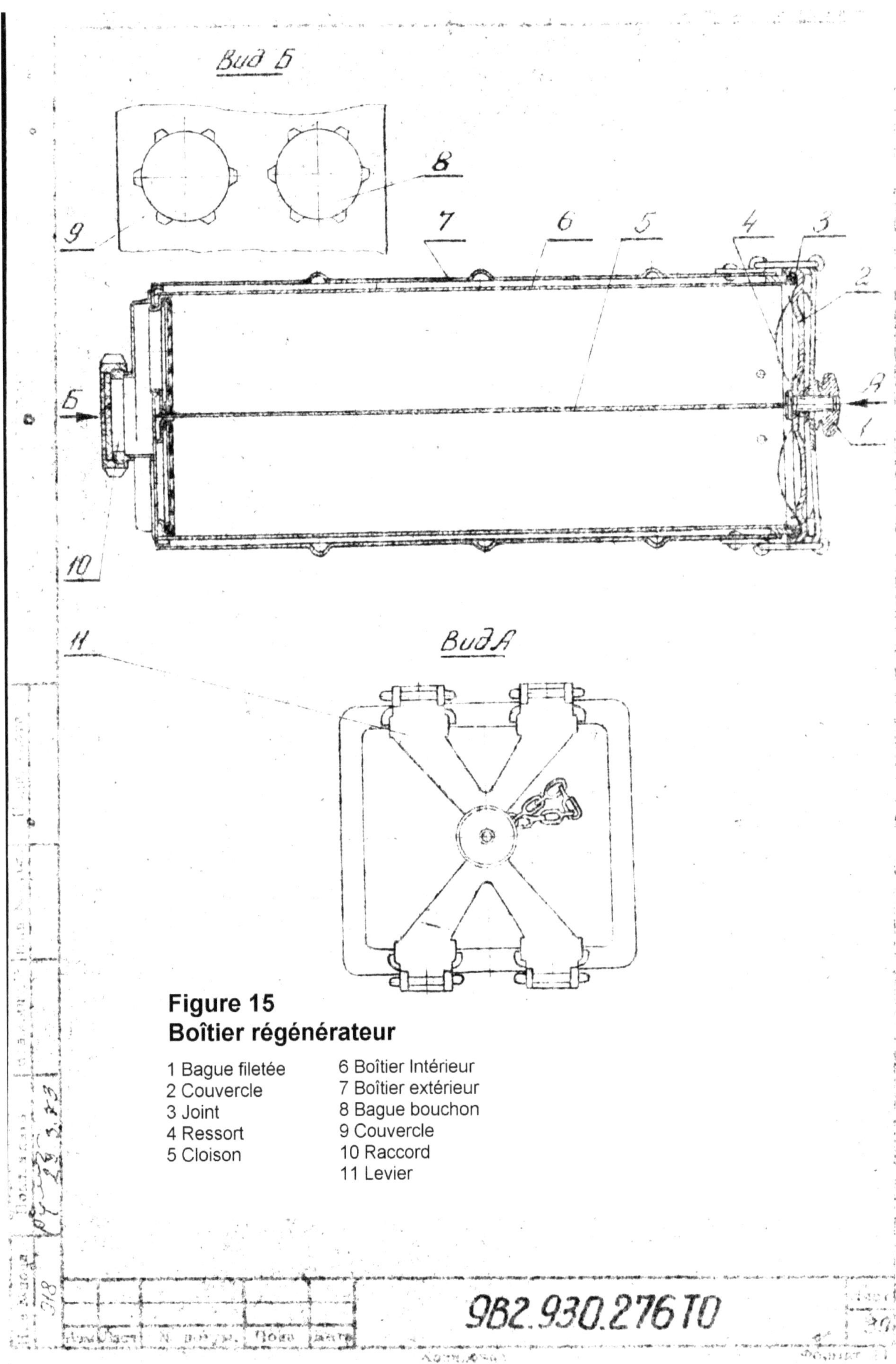

Figure 15
Boîtier régénérateur

1 Bague filetée
2 Couvercle
3 Joint
4 Ressort
5 Cloison
6 Boîtier Intérieur
7 Boîtier extérieur
8 Bague bouchon
9 Couvercle
10 Raccord
11 Levier

982.930.276 ТО

5.2.10 <u>Cartouche de régénération "O-3" (O-Z) (fig. 15)</u>

La cartouche contient une substance chimique "O-3" (O-Z) composée de superoxide de potassium sous forme de plaquettes qui absorbe de dioxyde de carbone et produit de l'oxygène .

La cartouche est composée de deux boîtiers paralléllipipédiques (post 6 et 7) imbriquées l'une dans l'autre avec un faible intervalle. Ces boîtiers sont fabriqués en feuilles de laiton. Le couvercle (post 9) comporte les raccords (post 10) par lesquels la cartouche est raccordée au sac respiratoire. Pour protéger la cartouche contre l'introduction de matières étrangères durant le stockage et le transport, ces raccords sont pourvus de bouchons vissés (post 8). L'enveloppe intérieure du boîtier est constituée de deux boîtiers étanches côte à côte raccordés en série. Chacun de ceux ci contient la substance absorbante sous forme de plaquettes, et sont maintenus en place par des ressorts (post 4).

L'étanchéité du couvercle (post 2) du boîtier est assurée par des joints (post 3) ainsi que par une vis de serrage (post 1). L'espace entre les compartiments intérieurs et le boîtier extérieur sert de couche d'isolation thermique..

La circulation du mélange gazeux expiré s'effectue de la façon suivante :

Le mélange gazeux entre dans la partie intérieure de la cartouche par le raccord (post 10) qui est raccordé au raccord du sac respiratoire. Après que le flux de gaz soit passé dans la substance absorbante et régénératrice sous forme de plaquette de la première moitié, il passe au delà de la paroi de séparation (post 5) et entre dans le deuxième compartiment . Lorsque le gaz a traversé   la deuxième partie de la substance régénératrice, il arrive au deuxième raccord de connexion (post 10) et entre dans le sac respiratoire.

La cartouche contient un mélange de superoxyde de potassium : KO_2. La réaction chimique est la
suivante :
Hydrolyse du KO_2
$4KO_2 + 2H_2O > 4KOH + 3O_2 + t^o$
Réaction avec le CO_2
$4KOH + 2CO_2 > 2K_2CO_3 + 2H_2O$

S'il y a suffisamment de CO_2 et de vapeur d'eau
$2K_2CO_3 + 2CO_2 + 2H_2O > 4KHCO_3$
Sinon les 2 K_2CO_3 ne se transforment pas en 4 $KHCO_3$

Donc 3 O_2 générés pour 4 CO_2 réduits, même s'il n'y a pas assez de CO_2 pour une réaction complète, l'oxygène continue à être produit grâce à la vapeur d'eau contenue dans le gaz exhalé

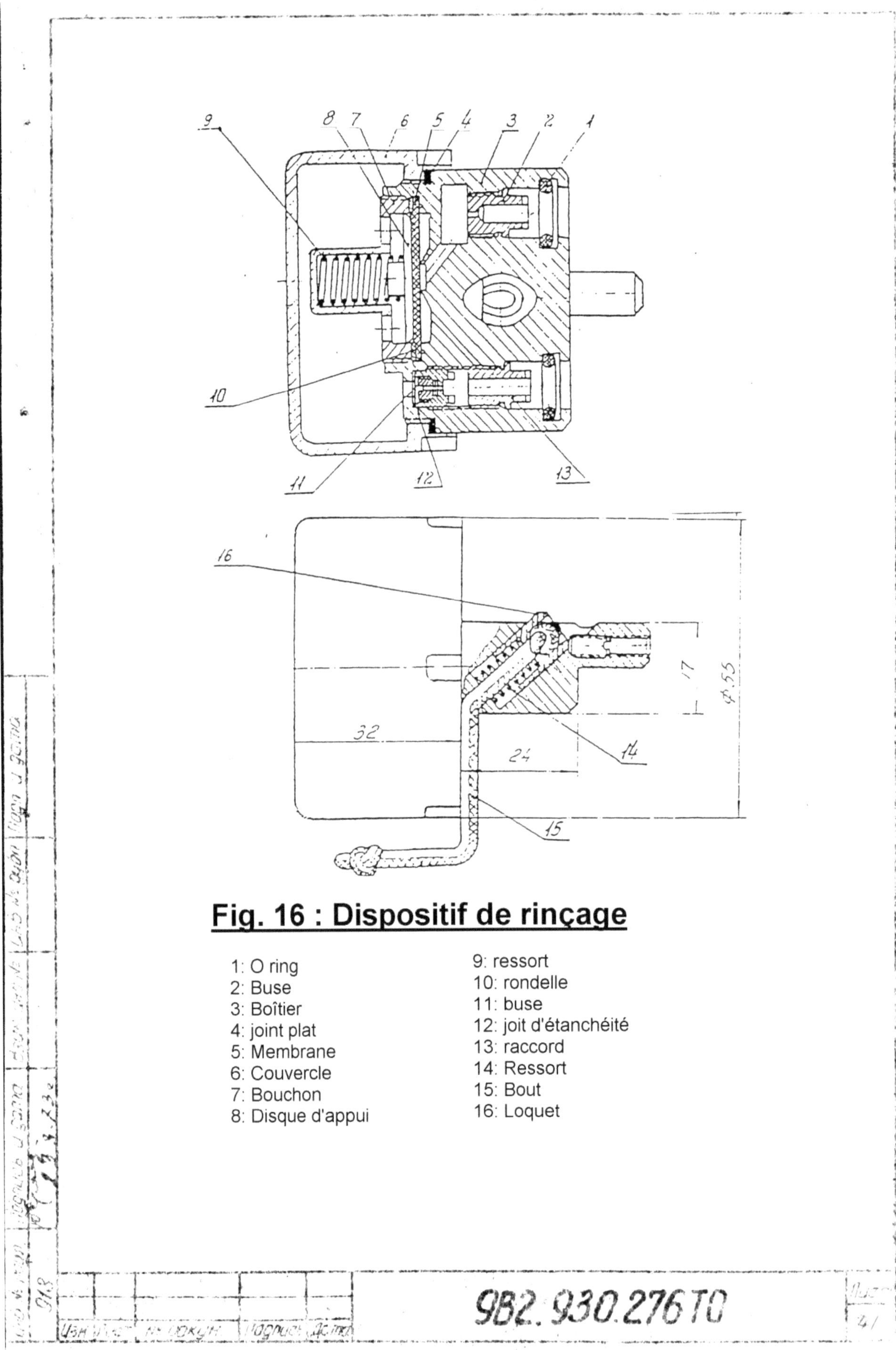

Fig. 16 : Dispositif de rinçage

1: O ring
2: Buse
3: Boîtier
4: joint plat
5: Membrane
6: Couvercle
7: Bouchon
8: Disque d'appui

9: ressort
10: rondelle
11: buse
12: joit d'étanchéité
13: raccord
14: Ressort
15: Bout
16: Loquet

9B2.930.276TO

5.2.11 <u>(Supprimé du manuel russe de 1972) (fig 16)</u>

Un dispositif initialiseur de rinçage est disponible pour une configuration sans Nitrox, il se branche sur la connection vers le bloc Nitrox. Il destiné à amorcer le recycleur IDA-71 en configuration « oxygéne pur » pour des plongées ne dépassant pas les 15 m de profondeur.
Il est noté pour mémoire, mais n'est pas utilisé dans la version « P » de l'IDA-71.

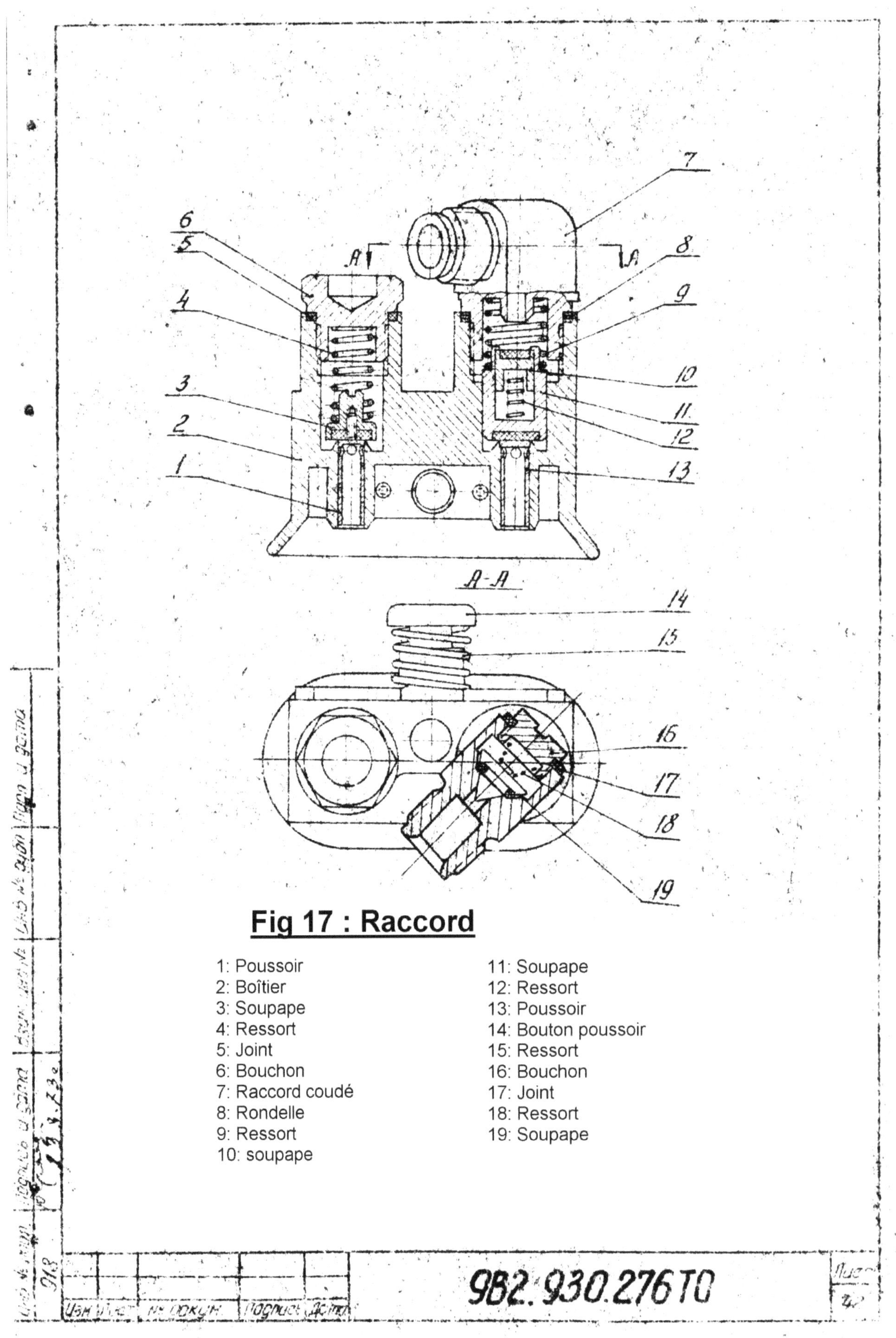

Fig 17 : Raccord

1: Poussoir
2: Boîtier
3: Soupape
4: Ressort
5: Joint
6: Bouchon
7: Raccord coudé
8: Rondelle
9: Ressort
10: soupape

11: Soupape
12: Ressort
13: Poussoir
14: Bouton poussoir
15: Ressort
16: Bouchon
17: Joint
18: Ressort
19: Soupape

5.2.12 <u>Raccord coupleur (fig. 17)</u>

Ce raccord se trouve sur le boîtier de l'appareil et est destiné à raccorder et à détacher le bloc Nitrox.de l'appareil, et de même pour raccorder et détacher rapidement l'équipement de la source central d'oxygène ou de Nitrox lorsque le plongeur doit monter à bord ou quitter le véhicule (bateau, avion ,hélicoptère).
.

Le système de raccord comporte :

- Le boîtier (post 2), dans lequel se trouve la valve (post 3), qui est attachée au poussoir (post 1) et poussée sur son siège par le ressort (post 4).
- Le connecteur (post 6);
- La tige poussoir (post 13);
- La valve (post 11), dans laquelle la valve (post 10) et son ressort (post 12) sont montés
- Le ressort (post 9);
- Le connecteur (post 7) d'oxygène basse pression avec son siège et sa valve (post 19).

Le boîtier (post 2) comporte un renfoncement dans lequel le connecteur du coupleur correspondant (voir fig 18) peut venir se loger. Les valves (post 3 et 11) s'ouvrent lors du raccordement dans le coupleur (voir fig 17) du coupleur correspondant (voir fig 18) , par l'action sur les pièces (post 1 et 13) par les éléments appariés de l'autre partie du couplage.

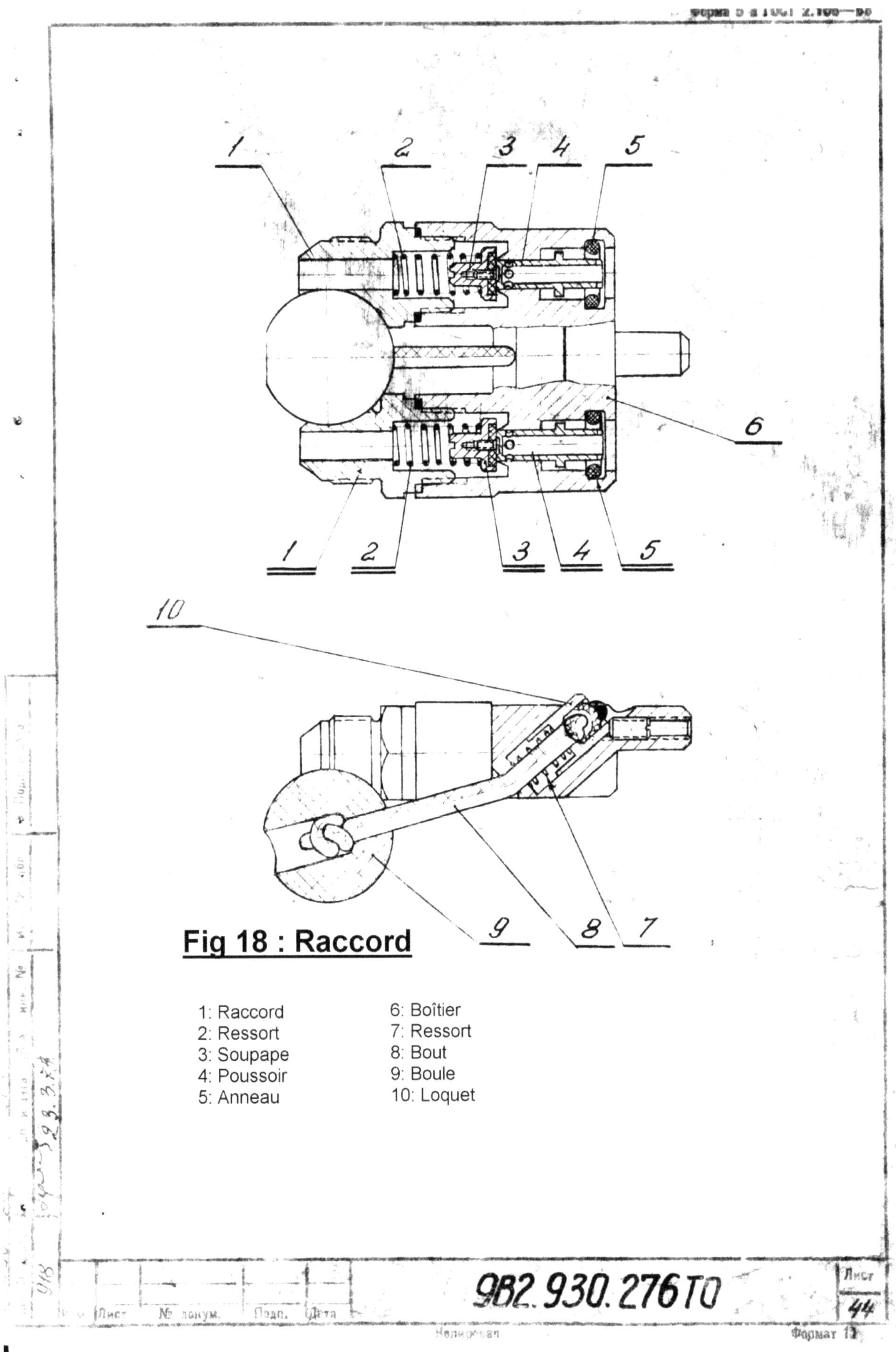

Fig 18 : Raccord

1: Raccord
2: Ressort
3: Soupape
4: Poussoir
5: Anneau
6: Boîtier
7: Ressort
8: Bout
9: Boule
10: Loquet

982.930.276ТО

5.2.13 Raccord coupleur (fig. 18)

Ce raccord est destiné à former une connexion rapide pour raccorder et détacher le bloc
Nitrox de l'appareil. Ce coupleur se compose d'un boîtier (post 6) dans lequel sont montés les
différents éléments, la pièce de liaison (post 10) et le ressort (post 7) servent à attacher
ensemble les deux parties du couplage (voir fig 17)
On détache les deux parties du couplage en tirant sur le cordon (post 8) de la pièce de liaison
(post 10). Une boule (post 9) est fixée sur le cordon pour faciliter la manœuvre. .

Lorsque les deux éléments de couplage sont reliés ensemble, les valves (post 3) s'ouvrent par
l'enfoncement des pièces de fermeture (voir fig 17), et les buses de couplage (post 4)
L'étanchéité du couplage est assurée par des joints toriques (post 5).
Lors de l'enlèvement du coupleur externe, les valves (post 3) sont repoussées sur leur sièges
par les ressorts (post 2) . Les tuyaux du système de purge automatique, qui se trouve sur le
bloc Nitrox, sont attachés au raccord de connexion (post 1).

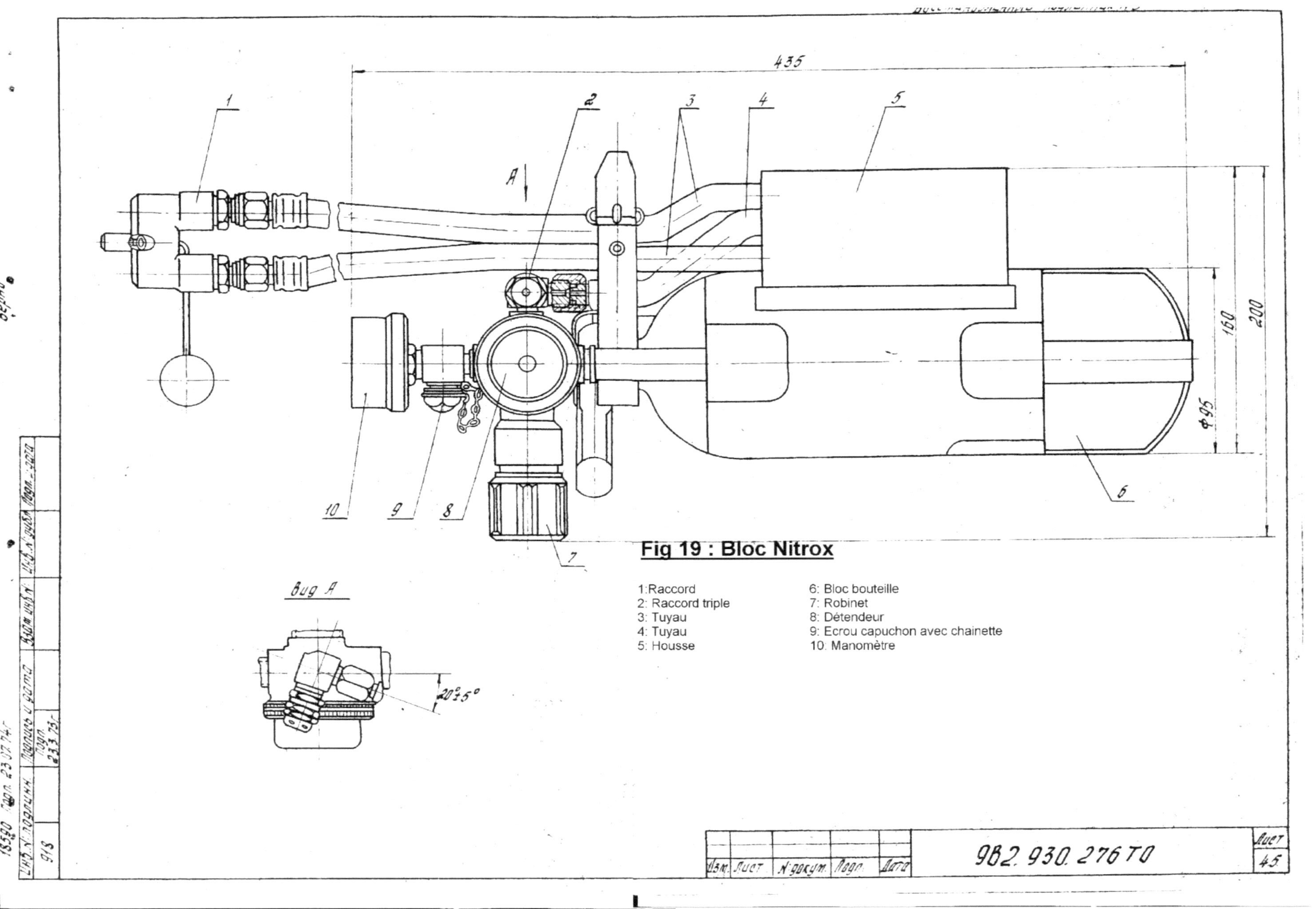

Fig 19 : Bloc Nitrox

1: Raccord
2: Raccord triple
3: Tuyau
4: Tuyau
5: Housse
6: Bloc bouteille
7: Robinet
8: Détendeur
9: Ecrou capuchon avec chainette
10: Manomètre

5.2.14 <u>Le bloc Nitrox (fig. 19)</u>

Le bloc Nitrox sert de réservoir extérieur au mélange Nitrox. Le bloc (post 6) a un volume de 1 litre et une pression de service de 200 Kgf/cm². Le bloc est peint en noir et porte sur le col l'inscription « АЗОТНОКИСЛОРОДНАЯ СМЕСЬ 40%» (Mélange Nitrox 40%), un détendeur (post 8) et un robinet (post 7) sont monté sur le bloc (post 6), l'ensemble est logé dans un étui.

Le remplissage par le mélange Nitrox (contenant 40% +/- 1% d'oxygène) s'effectue par un raccord recouvert par un bouchon (post 9).. Le bloc Nitrox est logé dans un étui en toile caoutchoutée, dans lequel est logé également le raccord avec purge automatique (voir fig 21), le bloc Nitrox est attaché à l'équipement par le coupleur (post 1). Le coupleur est connecté au dispositif de purge automatique par le premier tuyau (post 3). Le mélange Nitrox passe du détendeur (post 6) au dispositif de purge automatique par le deuxième tuyau (post 4)..

Pendant le stockage du bloc Nitrox, le robinet (post 7) doit être fermé. Le manomètre (post 10) indique la pression dans le bloc après ouverture du robinet (post 7) . Le bouchon (post 9) recouvre le raccord de remplissage du bloc.
L'utilisation combinée de l'appareil IDA-71P avec le bloc Nitrox est destinée à des plongées à des profondeurs de plus de 15 m, jusqu'à 40 m.

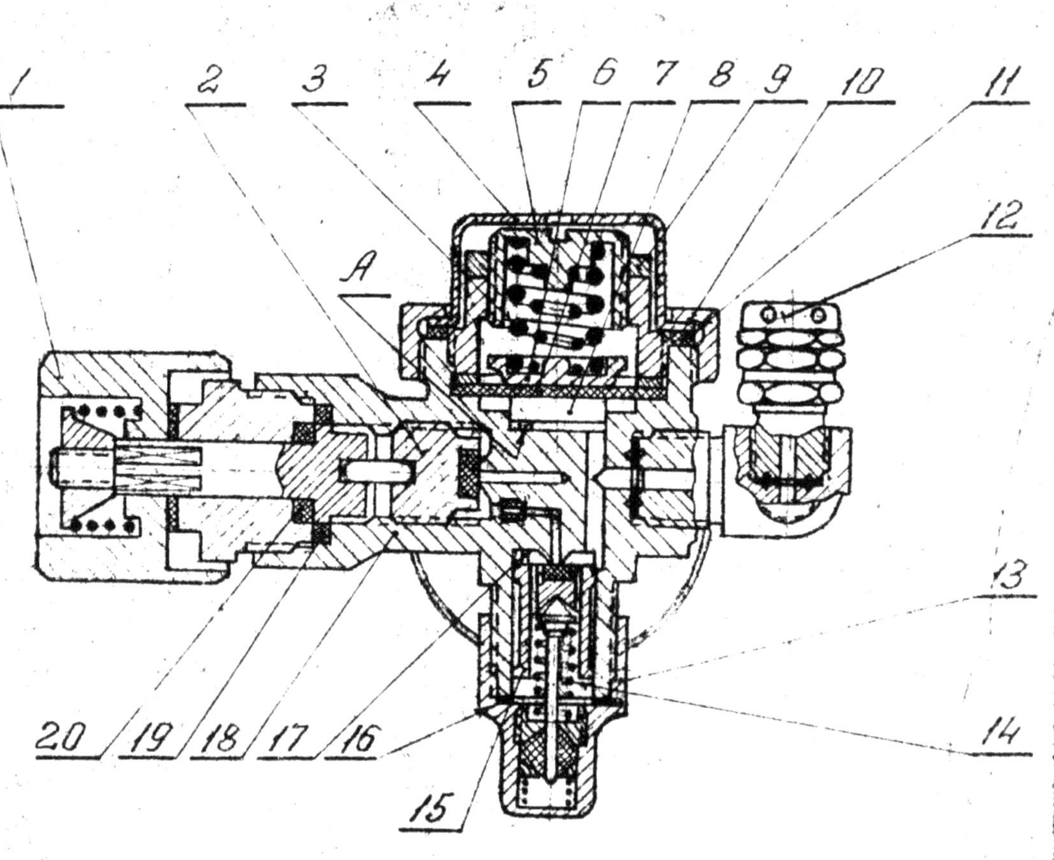

Рис. 20. Редуктор азотнокислородного баллона:

Fig. 20 : Détendeur du bloc Nitrox

1: Volant
2: Soupape
3: Ressort
4: Couvercle
5: Vis de réglage
6: Support de ressort
7: Membrane
8: Disque
9: bague filetée
10: bague de fermeture

11: Joint
12: Soupape de sécurité
13: Blocage
14: Ressort
15: soupape
16: Joint
17: Poussoir de soupape
18: Boîtier du détendeur
19: Joint
20: Joint

: Chambre

9Б2.930.276ТО

60

5.2.15 <u>Détendeur du bloc Nitrox (fig. 20)</u>

Ce détendeur est destiné à réduire la pression du mélange Nitrox présent à une pression de 180 à 200 Bar dans le bloc Nitrox. Le détendeur est monté dans un boîtier comprenant le robinet intégré du bloc. Ce robinet est du type valve à siège, et ne nécessite que peu de force pour la manœuvre.

En tournant le volant (post 1) dans le sens inverse des aiguilles d'une montre, la valve (post 2) se décolle de son siège et permet le passage du mélange de gaz présent dans le bloc. En tournat le volant dans le sens des aiguilles d'une montre, la valve (post 2) se repose sur son siège, et interromp le flux du mélange gazeux
..
Lorsque la valve (post 2) est fermée,il n'y a pas de pression dans la chambre du détendeur et en dessous de la valve (post 15), le ressort (post 3) presse sur son support (post 6), sur le disque de membrane (post 8), et le poussoir (post 17) de la membrane ouvre la valve (post 15). Lorsque la valve (post 2) est ouverte, le mélange gazeux entre dans la chambre « A » du détendeur . La membrane (post 7) s'incurve vers le haut et comprime le ressort (post 3). Le mélange gazeux étant dans la chambre « A », la valve (post 15) se referme sur son siège sous l'effet du ressort (post 14), interrompant le flux de mélange gazeux (le mélange gazeux ne sort plus de la zone « A »)

Lorsque du mélange gazeux sort de la chambre « A », la valve (post 15), qui contrôle le débit du mélange gazeux dans la chambre « A », s'ouvre et laisse passer une quantité de mélange gazeux égale à la quntité qui fuit de la chambre « A ».

Le dispositif de freinage (post 13) qui contrôle les oscillations de la valve (post 15), est conçu de manière silmilaire à celui du détendeur du bloc d'oxygène.

Dans le corps du détendeur en face des raccords sont frappés les indications «В / Д » et «Н / Д », correspondant aux raccords respectivement haute pression «В / Д » : « <u>В</u>ЫСОКОГО ДАВЛЕНИА», et basse pression . «Н / Д » : « <u>Н</u>ИЗКОГО ДАВЛЕНИА».
Une valve de surpression (post 12) est montée sur le détendeur pour empêcher une pression excessive accidentelle sur le circuit basse pression

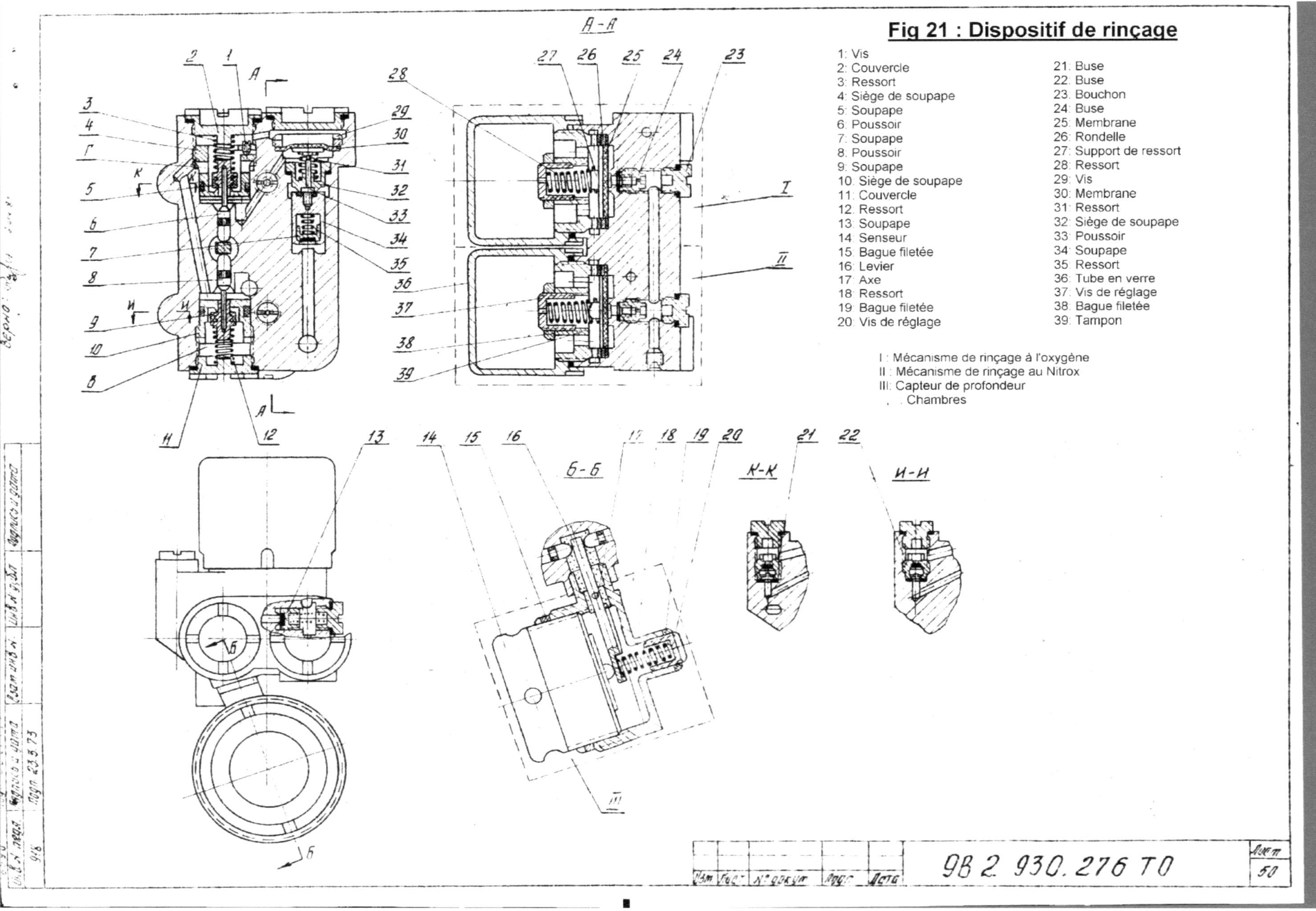

Fig 21 : Dispositif de rinçage

1: Vis
2: Couvercle
3: Ressort
4: Siège de soupape
5: Soupape
6: Poussoir
7: Soupape
8: Poussoir
9: Soupape
10: Siège de soupape
11: Couvercle
12: Ressort
13: Soupape
14: Senseur
15: Bague filetée
16: Levier
17: Axe
18: Ressort
19: Bague filetée
20: Vis de réglage
21: Buse
22: Buse
23: Bouchon
24: Buse
25: Membrane
26: Rondelle
27: Support de ressort
28: Ressort
29: Vis
30: Membrane
31: Ressort
32: Siège de soupape
33: Poussoir
34: Soupape
35: Ressort
36: Tube en verre
37: Vis de réglage
38: Bague filetée
39: Tampon

I : Mécanisme de rinçage à l'oxygène
II : Mécanisme de rinçage au Nitrox
III: Capteur de profondeur
. Chambres

9B 2.930.276 TO

Le dispositif de rinçage automatique permet de :

Rincer la boucle respiratoire avec de l'oxygène avant la plongée et en remontant de profondeurs de plus de 18 m.et à rincer la boucle respiratoire avec du mélange Nitrox lorsque la profondeur dépasse 15 m.
Il permet de commuter automatiquement depuis l'alimentation en oxygène vers le mélange Nitrox ou vice versa à la profondeur adéquate lors de la descente et la remontée.

Le dispositif de rinçage automatique se compose d'un dispositif de mesure de profondeur (III), du mécanisme de rinçage à l'oxygène (I), du mécanisme de rinçage au mélange Nitrox (II) et des chambre des valves.

Sous l'action du dispositif de mesure de profondeur (III) la valve 5 et la valve 9 s'ouvrent et se referment à la profondeur pré-réglée. Ce dispositif de mesure de profondeur est composé d'un senseur de profondeur (post 14) qui mesure la profondeur de rinçage, d'un levier (post 16) et son axe (post 17) autour duquel il pivote, une vis d'ajustage de profondeur (post 20) et d'un ressort (post 18). La force d'action du ressort (post 18) est ajustée par la vis de réglage (post 20) qui est bloquée par l'écrou (post 19).

Le mécanisme pour le rinçage par le mélange Nitrox et celui pour le rinçage à l'oxygène sont à peu près identiques en construction, ils ne différent que par les réglages..

Le mécanisme du rinçage se compose de : une membrane 25, qui est tenue en place par le manchon (post 39) et la rondelles (post 26). La membrane fait aussi office de valve. La membrane ferme l'ouverture par l'action du ressort (post 28) qui l'actionne comme une valve. La force du ressort est appliquée sur la membrane par l'intermédiaire d'un disque support (post 27) et est réglée par la vis (post 37) qui est bloquée par son écrou (post 38). Le boîtier (post 36) fourni le volume nécessaire pour le mécanisme de rinçage. La buse (post 24) règle le volume de mélange gazeux qui est utilisé par le mécanisme de rinçage. La chambre de la buse (post 24) est fermée par un bouchon (post 23).
La durée du rinçage est déterminée par les buses (post 21 et 22).

La valve (post 34) contrôle l'alimentation en oxygène et également refermer la liaison avec l'équipement. Elle se compose de : la membrane (post 30) qui est retenue par l'écrou (post 29) , la tige poussoir (post 33) qui actionne la valve (post 34), celle ci est poussée sur son siège (post 32) par le ressort (post 31). A l'intérieur de la valve (post 34) se trouve une valve intérieure (post 7) avec son ressort (post 35)..

Le mélange Nitrox sous pression est présent dans la zone « Б »(B). La valve (post 9) reste fermée jusqu'à une profondeur de 15m, et le mélange Nitrox ne peut passer. Lorsque la valve (post 9) est fermée , la valve (post 5) reste toujours ouverte.Le fonctionnement de ces valves (.post 5 et 9) est géré par le detecteur de profondeur (III). Le mouvement est transmis par le levier (post 16) et les poussoirs (post 8 et 6). La valve (post 9) est maintenue fermée sur son siège par le ressort (post 12) et la pression du mélange gazeux sur son siège (post 10). Le bouchon (post 11) isole la chambre « Б »(B) de l'ambiance.

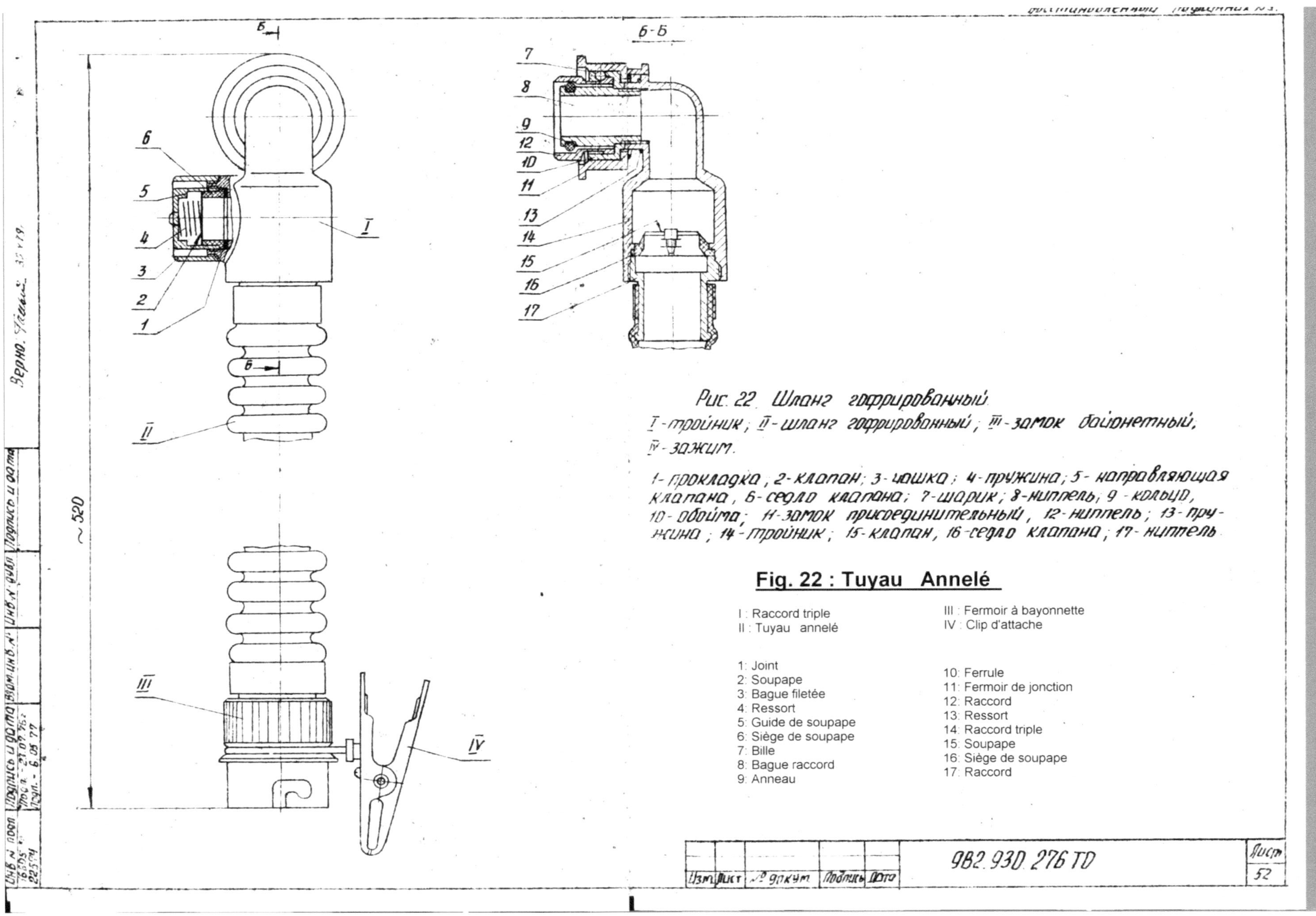

Рис. 22. Шланг гофрированный.
I-тройник; II-шланг гофрированный; III-замок байонетный; IV-зажим.

1-прокладка, 2-клапан; 3-чашка; 4-пружина; 5-направляющая клапана, 6-седло клапана; 7-шарик; 8-ниппель, 9-кольцо, 10-обойма; 11-замок присоединительный, 12-ниппель; 13-пружина; 14-тройник; 15-клапан, 16-седло клапана; 17-ниппель

Fig. 22 : Tuyau Annelé

I : Raccord triple
II : Tuyau annelé
III : Fermoir à bayonnette
IV : Clip d'attache

1: Joint
2: Soupape
3: Bague filetée
4: Ressort
5: Guide de soupape
6: Siège de soupape
7: Bille
8: Bague raccord
9: Anneau
10: Ferrule
11: Fermoir de jonction
12: Raccord
13: Ressort
14: Raccord triple
15: Soupape
16: Siège de soupape
17: Raccord

982.930.276 ТD

A l'ouverture de la valve (post 9), la valve (post 5) se referme sur son siège (post 4) par l'action de son ressort et de la pression du mélange gazeux, qui entre par la valve (post 9) dans la chambre « Г ». A ce moment, la membrane (post 30) s'incurve sous la pression exercée par le mélange Nitrox, et enfonce le poussoir (pos 33) qui actionne la valve (post 34). La valve (post 7) est poussée sur le siège de son boîtier, et interrompt ainsi le flux d'oxygène de la connexion à l'équipement.
La distance entre la valve (post 5) et son siège (post 4) est ajustée en tournant le siège de valve (post 4) et ensuite en le bloquant en position par la vis (post 1).

Le bouchon (post 2) isole la chambre « Г » de l'ambiance. Les sièges (post 10 et 4) des valves (post 9 et 5), ainsi que les poussoirs (post 8 et 6) sont rendus étanches par des joints toriques en caoutchouc). La valve (post 13), actionnée par la pression du mélange Nitrox, empêche l'introduction d'oxygène dans les chambres et les raccords.

5.2.17 <u>Tuyau respiratoire annelé (fig. 22)</u>

Le tuyau respiratoire annelé sert à raccorder l'équipement « КП-58А »(KP-58A) avec l'embout de l'appareil « ИДА-71П » (IDA-71P), et pour rattacher l'équipement « КП-58А »(KP-58A) au parachute.

Le tuyau respiratoire annelé se compose des éléments suivants :
Le raccord coudé (post I), au moyen duquel le tuyau annelé est relié au boîtier des valves de l'embout , le tuyau annelé (post II), - le manchon d'acouplement (post III) à l'aide duquel le tuyau annelé II est est relié à l'équipement « КП-58А »(KP-58A) - la pince (post IV) pour la fixation au parachute

Le raccord triple (post I) se compose des éléments suivants :
-La valve d'inspiration composée du siège de valve 16, du raccord à visser de fermeture 17, et de la valve 15.
- la valve d'expiration, qui contient le siège de valve 6 , monté dans l'ensemble (post I) par le guide valve 5 et le ressort 4, la valve 2, et le manchon 3
- Le raccord à bille composé du raccord à visser 8, vissé sur le boîtier triple 14, la frette de maintien 10, la bille de blocage 7, le fermoir de jonction 11, la bague ressort 13.

L'étanchéité du raccordement du tuyau annelé au boîtier de l'embout est assurée par le joint torique 9.

Pour raccorder ensemble le tuyau raccord au boîtier de l'embout, il est nécessaire de mettre le papillon de manœuvre du boîtier de l'embout sur la position «НА АППАРАТ»(vers l'appareil). Ramener le fermoir 11 vers le coude du boîtier en « T » 14, repousser jusqu'à l'arrêt le raccord fermoir 8 pour enfoncer le raccord 12 dans le boîtier de l'embout; en libérant la bille 7 on permet le mouvement du raccord 12. Un joint torique en caoutchouc 9 assure l'étanchéité de l'accouplement avec le boîtier de l'embout. .
Après relâchement du fermoir 11 par l'action du ressort 13, il maintient le raccord à visser 12 dans le boîtier d'embout par son déplacement jusqu'à ce qu'il s'arrête sur la frette 10, et remet ainsi la bille 7 en place. Verrouiller le fermoir 11. Mettre le papillon du boîtier d'embout en position «НА ВОЗДУХ» (vers l'atmosphère). Ensuite rabattre manuellement et bloquer le fermoir 11.

Pour débrancher le tuyau annelé du boîtier de l'embout, remettre le papillon du boîtier d'embout en position «НА АППАРАТ» (vers l'appareil). Saisir en main le fermoir 11 et tirez-le vers le coude du raccord en « T » 14.

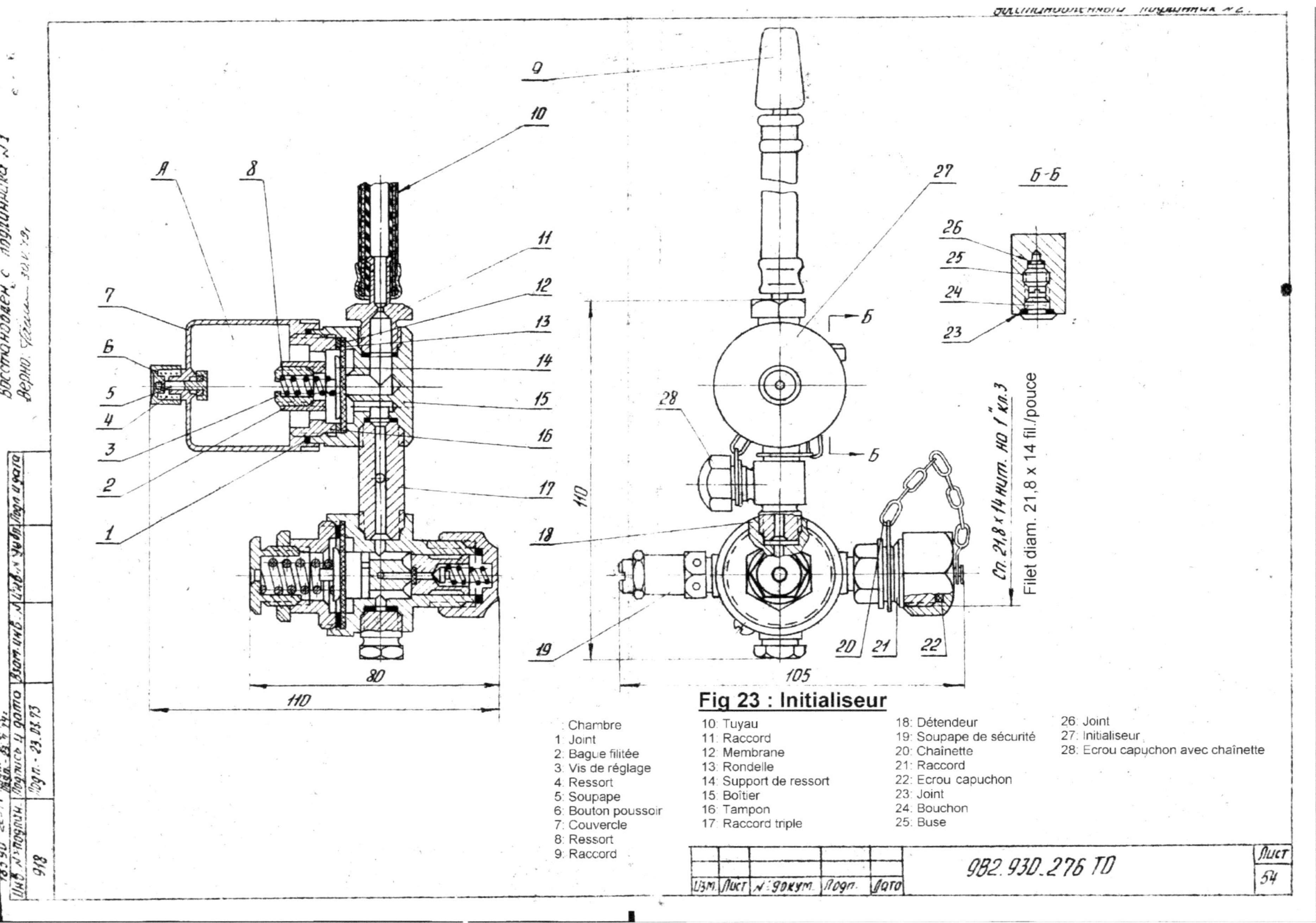

Fig 23 : Initialiseur

: Chambre	10: Tuyau	18: Détendeur	26: Joint
1: Joint	11: Raccord	19: Soupape de sécurité	27: Initialiseur
2: Bague filitée	12: Membrane	20: Chaînette	28: Ecrou capuchon avec chaînette
3: Vis de réglage	13: Rondelle	21: Raccord	
4: Ressort	14: Support de ressort	22: Ecrou capuchon	
5: Soupape	15: Boîtier	23: Joint	
6: Bouton poussoir	16: Tampon	24: Bouchon	
7: Couvercle	17: Raccord triple	25: Buse	
8: Ressort			
9: Raccord			

982.930.276 TD

5.2.18 <u>Amorceur, ou Initialiseur (fig. 23)</u>

L'amorceur sert à rincer à l'oxygène l'appareil respiratoire pendant un temps déterminé et avec une quantité déterminée.

L'amorceur se compose de : le raccord (post 21) avec filtre, au moyen duquel le dispositif peut être connecté au tuyau de la source d'oxygène, le bouchon vissable (post 22), le détendeur (post 18) d'oxygène avec une valve de surpression (post 19), le raccord triple (post 17) avec son bouchon vissable, l'amorceur proprement dit (post 27), le tuyau (post 10) avec son connecteur (post 11), et son raccord à visser (post 9) qui permet de relier le mécanisme à l'équipement.

Le détendeur (post 18) - Ce détendeur et sa valve de surpression (post 19) ne seront pas décrit dans cette partie du manuel
Il fonctionne de la même façon que les détendeurs pour l'oxygène et le mélange Nitrox décrits précédemment.

En détail, l'amorceur lui-même se compose de : son boîtier (post 15), la membrane (post 12) qui remplis la fonction de vanne,
La bague filetée (post 16) qui retient la membrane (post 12) contre le boîtier (post 15) par un anneau (post 13), le siège du ressort (post 14) qui transmet la pression du ressort (post 8) à la membrane(post 12), l'écrou de réglage (post 3) avec son contre-écrou (post 2), le couvercle (post 7) qui est vissé sur la bague filetée (post 16) et rendu étanche par le joint (post 1)

Le couvercle (post 7) comporte une valve (post 5) qui est poussée sur son siège par un ressort (post 4), et un bouton de manœuvre (post 6) pour purger la pression hors de la chambre « A ».

 La buse (post 25) règle la durée du rinçage. Le siège (post 26) assure l'étanchéité entre la buse (post 25) et le corps (post 15), le bouchon à visser (post 24) et le joint (post 23) assurent la l'étanchéité de la chambre avec la buse. La buse dans la raccord (post 11) règle la quantité d'oxygène envoyée dans la sac respiratoire.

5.2.19 <u>Le sac de transport (fig. 24)</u>
Pour le stockage et le transport de l'équipement.Ce sac est fabriqué en solide toile caoutchoutée. .

5.2.20 <u>Ceinture de lestage (fig. 25)</u>
L'ensemble de ceinture de lestage comporte une ceinture avec boucle (post 1), des lest séparés (post 2) d'un poids de 0.5 kg chacun. Les poids se montent fafilement sur la ceinture. Le poids de la ceinture est déterminé par le nombre de poids qui sont montés dessus.

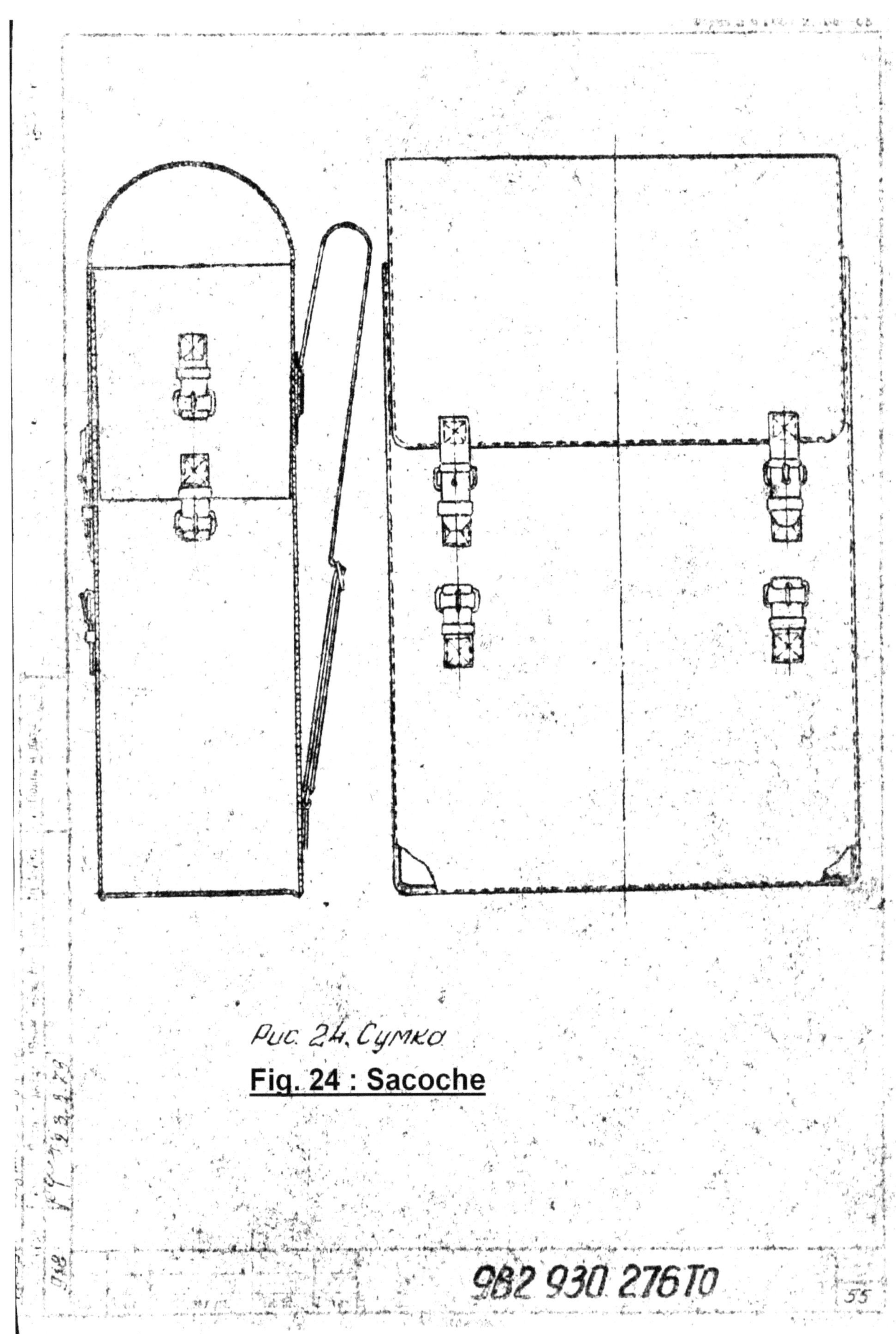

Рис. 24. Сумка

Fig. 24 : Sacoche

68

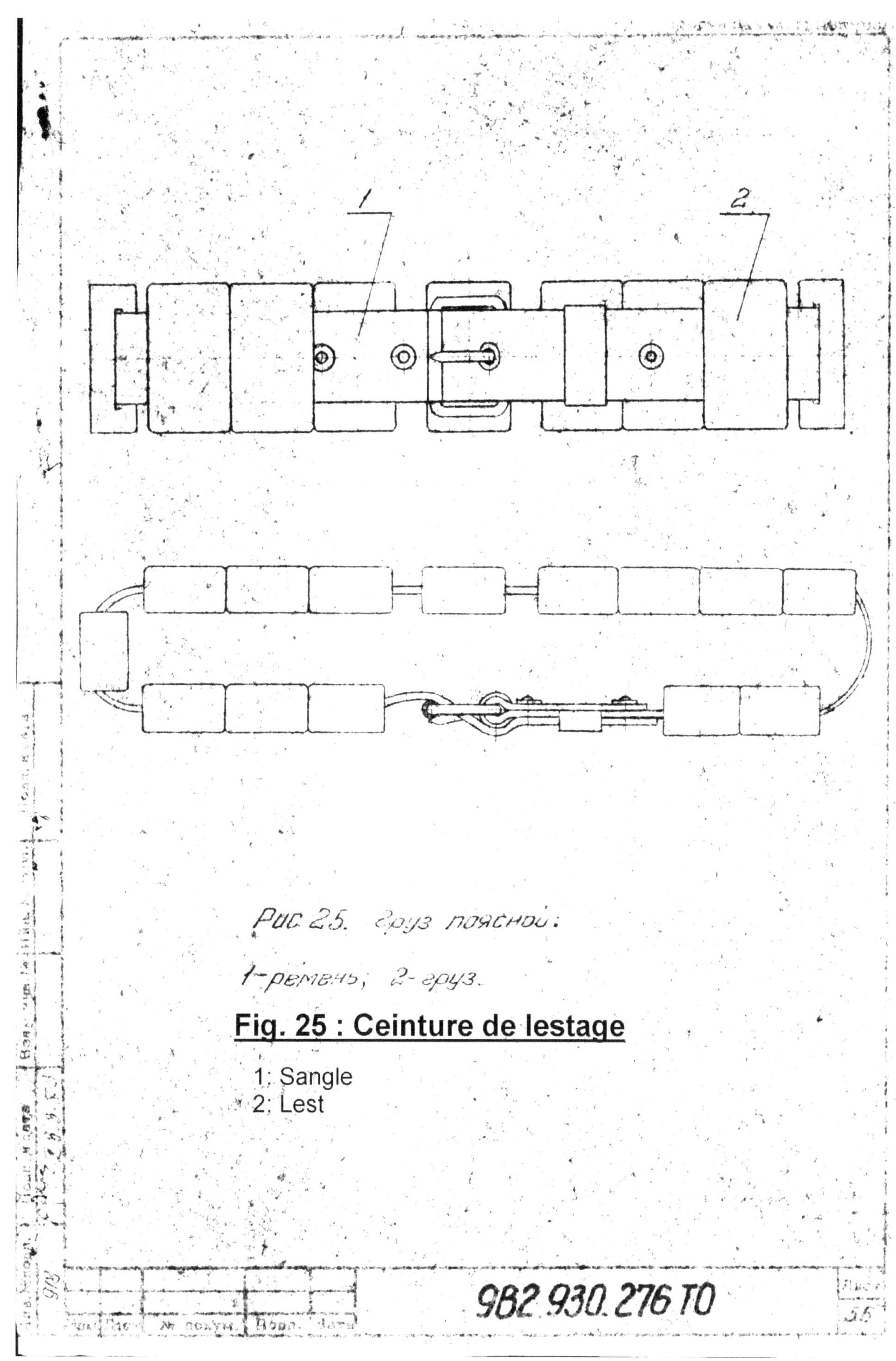

Fig. 25 : Ceinture de lestage

1: Sangle
2: Lest

5,2,21 <u>Les ensembles «ЗИП » (ZIP) (fig. 26 and 27)</u>

Les ensembles <u>«ЗИП-1 »</u> (ZIP-1) et <u>«ЗИП-2 »</u> (ZIP-2) sont utilisés pour la préparation et le démontage de l'équipement ainsi que pour les réglage et le remplacement de pièces détachées. Les ensembles contiennent les pièces de rechange et les outils. Une liste détaillée est donnée dans la table 2 ci après.

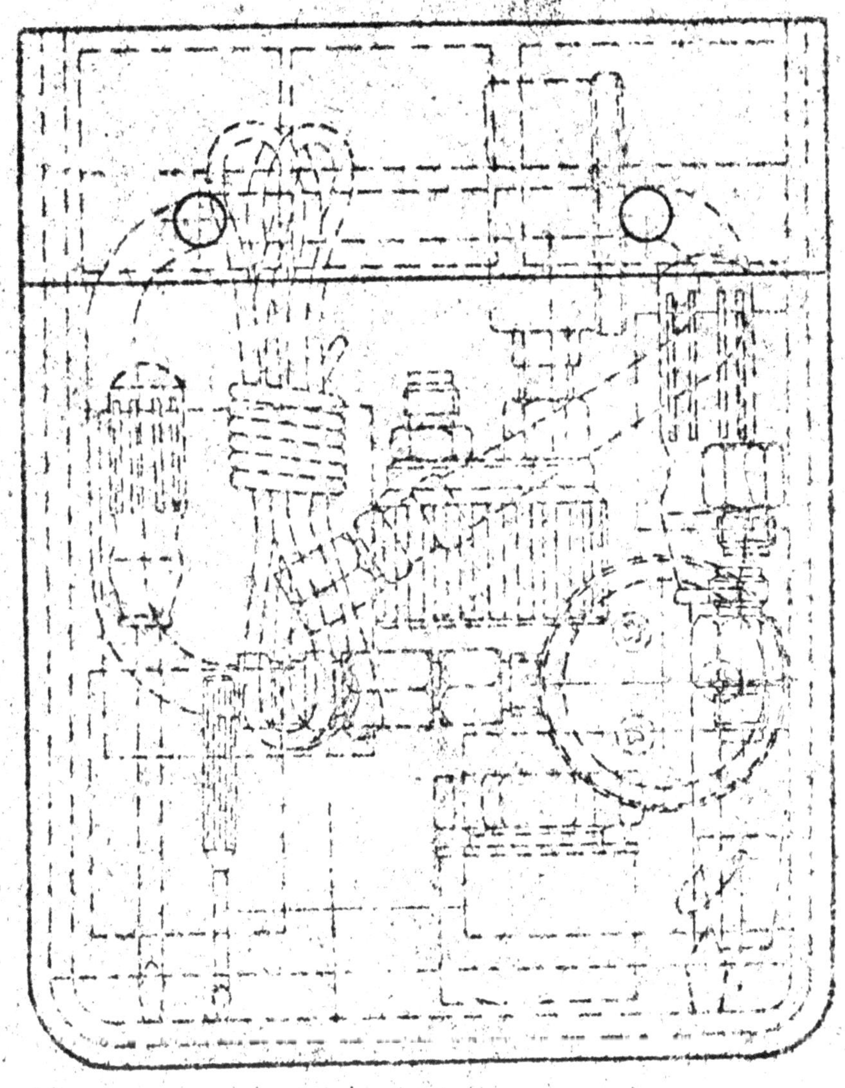

Рис. 26. Комплект ЗИП-1.

Fig. 26 : Ensemble ZIP-1

N°	Dénomination et désignation	Nb.	Croquis	Localisation	Référence et utilisation
1	Ressort 988. 383. 528	2	22 — Ø6.2	Ensemble ЗИП - 1	Fig 12 post 11 Fig 20 post 14
2	Adaptateur Пр- 402 988. 896. 271	1	Труб 1/4 кл3 — 32 — M14×кл3		Pour vérification de la pression à la sortie du détendeur
3	Adaptateur Пр- 392 986. 894. 432	4	25 — Ø17		Pour vérification de l'herméticité du sac respiratoire
4	Adaptateur Пр -391 986. 894. 431	2	25 — Труб 1/4 кл3 — M14×1		Pour remplir le bloc d'oxygène
5	Poussoir 988. 352. 273	1	Matière laiton — 15 — 27		Fig 21 post 8 , 33
6	Ecrou 918. 930 042/095	2	Matière laiton — M6 кл3		Boîtier de l'équipement
7	Rondelle 988. 942. 548	3	Matière cuivre — Ø18 — Ø21.5 — 0.4		Fig 17 post 8
8	Joint plat 988. 683. 528	4	Matière caoutchouc — Ø29 — Ø40		Pour raccord du tuyau inspiratoire et expiratoire au boîtier d'embout

982.930.276 ТО

N°	Dénomination et désignation	Nb.	Croquis	Locali-sation	Référence et utilisation
9	Joint plat 9Г8.683.094	2	Matière Caoutchouc φ33 φ37		Pour le dispositif de rinçage Fig 21
10	Joint plat 9Г8.683.005	4	Matière Caoutchouc φ29 φ36,6		Fig. 7 post 4
11	Joint plat 9Г8.683.004	2	Matière Caoutchouc φ26,5 φ33,5		Pour raccord au sac respiratoire Fig. 8
				Ensemble ЗИП - 1	
13	Joint plat 9Г8.681.043	10	Matière Cuivre φ6 φ11,2		Pour détendeurs Fig. 12 , 20
14	Joint plat 9Г8.681.007	2	Matière Cuivre φ16 φ20		Fig. 12 post 15 Fig 20 post 16
15	Membrane 9В7.010.682	1	Matière Caoutchouc φ21,5		Fig. 21 post 30

982.930.276 T0

N°	Dénomination et désignation	Nb.	Croquis	Locali-sation	Référence et utilisation
16	Membrane 3396	2	1,5 × Φ33		Fig. 12 post 4 Fig. 20 post 7
17	Joint torique 9Б8.684.181	2	Φ1,4 × Φ1,8		Pour le dispositif de rinçage Fig. 21
18	Joint torique 9Б8.684.170	2	Φ2,4 × Φ3,7		Pour le raccord Fig. 17
19	Joint torique 9Б8.684.152	4	Φ2,4 × Φ8,6	Ensemble ЗИП - 1	Fig. 18 post 5
20	Joint torique 9Б8.684.185 (185)	2	Φ2,4 × Φ15,5		Fig. 22 post 10
21	Joint torique 9Б8.684.132	2	Φ2,4 × Φ11,5		Pour le dispositif de rinçage Fig. 21
22	Joint torique 9Б8.684.124	6	Материал Резина Φ1,9 × Φ5,6		Pour le tuyau du bloc d'oxygène

9Б2.930.276ТО

N°	Dénomination et désignation	Nb.	Croquis	Locali-sation	Référence et utilisation
23	Soupape 9Б5.891.233	1			Fig. 21 post 5 ,9
24	Soupape 9Г7.140.002	10	Matière Mica		Fig. 7 post 1 ,8
25	Soupape 9Б5.890.713-6	2		Ensemble ЗИП - 1	Fig. 12 post 9 Fig. 20 post 15
26	Bout длина 2000 мм	1	Matière fibre de chanvre		Fig. 18 post 8
27	Adaptateur Пр-359 9Б6.894.409	1			Pour vérification du dispositif de rinçage Fig. 21
28	Joint 9Б8.684.578	10	Matière caoutchouc		Fiog. 15 post 3
28а	Rondelle 9Б8.942.548-01	2	Matière cuivre		Fig. 17 post 8

9Б2.930.276ТО

Лист 62

N°	Dénomination et désignation	Nb.	Croquis	Localisation	Référence et utilisation
29	Plaquette 9B8.600.$\frac{060}{295}$	2			Pour fixation des sanglages
30	Vis 3192A-5-18-HX	8			Pour fixation des sanglages
31	Tournevis 9B6.890.234	1			
32	Tournevis 9Г8.892.062	1			
33	Coque du Boîtier 2644/1 Couvercle du boîtier 2644/2	1		Ensemble ЗИП - 1	Pour maintenir le lubrifiant BHИЦ HП-282
34	Tournevis 9B6.890.235	1			
35	Manomètre 9B5.183.517	1			Pour vérifier la pression à la sortie du détendeur

9B2.930.276ТО

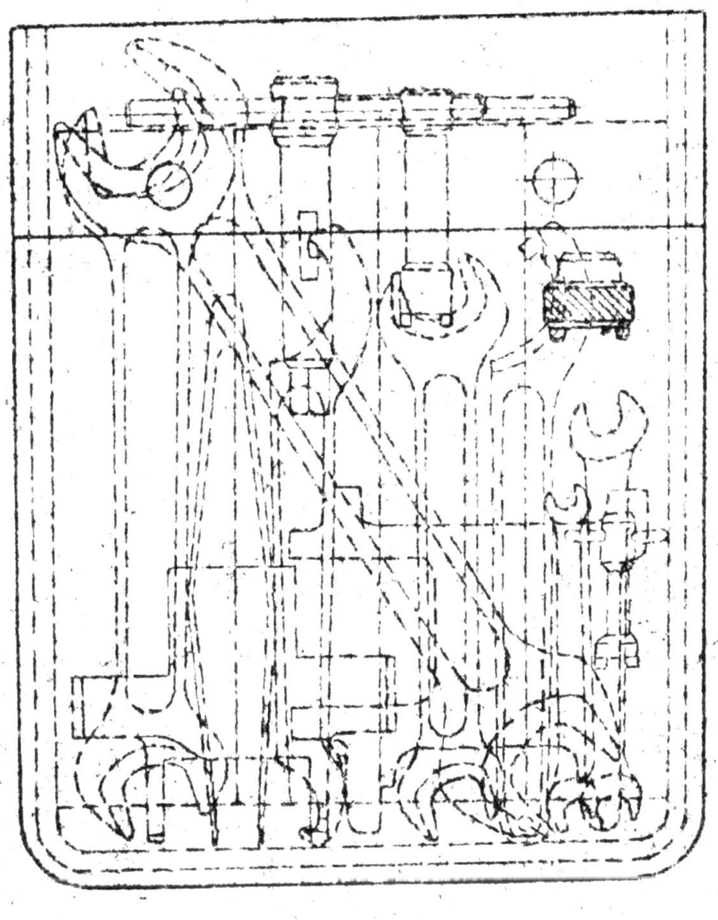

Рис. 27. Комплект ЗИП-2.

Fig. 27 : Ensemble ZIP-2

N°	Dénomination et désignation	Nb.	Croquis	Localisation	Référence et utilisation
36	Clé 7811-0003 Д2 кд 21хр ГОСТ 2839-71	1	8 × 10		
37	Clé 7811-0002 Д2 кд 21 хр. ГОСТ 2839-71	1	5,5 × 7		
38	Clé 7811-0026 Д2 кд 21хр ГОСТ 2839-71	1	24 × 27		
39	Clé 7811-0022 Д2 кд. 21хр ГОСТ 2839-71	1	14 × 17		
40	Clé 7811-0024 Д2 кд. 21хр. ГОСТ 2839-71	1	19 × 22		
41	Pince anatomique ПА 150×2,5 ТУ 64-1-37-75	1		Ensemble ЗИП - 2	
42	Clé 98 8. 892. 340	1			Pour le démontage du dispositif de rinçage Fig. 21
43	Clé 98 6. 890. 210	1			Pour le démontage du détendeur du sac respiratoire Fig. 13
44	Clé 98 8. 892. 305	1			Pour le démontage du dispositif de rinçage Fig. 21
45	Clé 98 8. 892. 231	1			Pour le démontage du détendeur du sac respiratoire et du dispositif de rinçage Fig. 13 , 21

9В 2. 930. 276 ТО

N°	Dénomination et désignation	Nb.	Croquis	Locali-sation	Référence et utilisation
45	Tête 9В8.892.241	1	φ3,5 24	Ensemble ЗИП - 2	Pour le démontage du dispositif de rinçage Fig. 21
47	Clé И10Е 9В6.890.224	1	65 φ9,5 φ12,5		Pour le démontage du dispositif de rinçage Fig. 21
48	Clé И5А 9В6.890.216	1	90 8,5 100 100,4		Pour le démontage du dispositif de rinçage Fig. 21
49	Clé 9В8.892.338	1	28 16,5 20 80 43		Pour le démontage du dispositif de rinçage Fig. 21
50	Clé 988.892 $\frac{015}{078}$	1	160 R25 R115		Pour le démontage des cartouches Fig. 10
51	Joint plat 9Г8.681.021	6	φ8,7С5 φ4,6А5 0,5	Ensemble ЗИП-1	Pour le bloc Nitrox Fig. 19
52	Joint plat 9Г8.681.064	5	φ6А5 φ11,2С5		Fig. 11 post 8 Pour le détendeur Fig. 12 , 20

9В2.930.276 ТО

Лист 55

Формат 11

6. Préparation de l'équipement pour l'utilisation

6.1 Déballage.
6.1.1 Ouverture de la caisse d'emballage.
6.1.2 Vérification de la présence de tous la elements sur base de la description de l'équipement

6.2 Examen de toutes les parties de l'équipement complet

6.2.1 Contrôle du bon état extérieur des éléments

a) Contrôle du bon état et de la solidité de l'ensemble :
- Tablier en caoutchouc et sangles,
- Tuyaux respiratoires annelés, piéces de raccordement du sac respiratoire et de l'embout,
- Raccords à visser, valve à la demande et valve de surpression du sac respiratoire
- Les tubes et tuyaux du sac respiratoire vers les couplages et le détendeur.

b) Etat des tuyaux respiratoires et du sac respiratoire

c) Vérification de bosses dans les cartouches régénératrices et de défauts de soudure des bîotiers.,

d) Vérificatoin du niveau d'oxygène dans le bloc par le manomètre.

e) Verification de la valve rotative en tournant le papillon de l'embout

Consigner les résultats de l'examen dans le livret de l'équipement.

7.   **Fonctionnement de l'appareil**

L'utilisation de l'appareil de plongée ne peut être effectuée que par ceux dont la mission est d'exécuter ce travail selon les règles données au 7.1, 7.2, 7.3, 7.4 et 7.5 ; et avant de commencer ce travail, respecter rigoureusement les instructions données au 7.6

7.1   **Remplissage de l'équipement**

a) Remplissage du bloc d'oxygène
b) Remplissage du bloc Nitrox avec du mélange Nitrox
c) Remplissage de la cartouche régénératrice « O-3 » ou de la cartouche standard de couleur bleu clair avec la substance « O-3 » (О ЗАПОЛНИТЬ) ou « ВПВ-1 » (ВЕЩЕСТВО ПОТАШ ВОРОНЁНЫЙ-1 = Substance Potassium Oxydé-1)
 sous forme de lamelles
d) Remplissage de la cartouche standard de couleur gris clair avec la substance standard "ХП-И " - химопоглатитель известковый (=chimio-absorbeur chaux) (HP-I)
Remarque: les blocs sont remplis en fonction de leur couleur. Le bloc d'oxygène bleu clair avec de l'oxygène médical pur, le bloc Nitrox de couleur noire avec un mélange Nitrox contenant 40% +/-1% d'oxygène.

7.1.1   Remplissage du bloc d'oxygène (voir fig. 28)

a) Fermer la valve (post 1) du bloc d'oxygène et ouvrir le couvercle de l'appareil.
b) Retirer le couvercle (post 20, fig. 4) et poussere sur la membrane de la valve à la demande (post 8, Fig.1), pour faire chuter la pression dans le circuit intermédiaire.
c) dévisser le tuyau (post 4) de l'ensemble de l'appareil
d) dévisser l'érou papillon et sortir le bloc de l'appareil
e) fermer le tuyau (post 4) avec l'adaptateur (post 5),
f) dévisser le bouchon fileté (post 3) de la connection de remplissage sur le raccord triple (post 2),
g) Connecter le tuyau en serpentin (post 6) à la connection de remplissage du raccord triple (post 2),
h) ouvrir le robinet (post 1) du bloc d'oxygène,
I) mettre en route le compresseur d'oxygène,
j) remplir le bloc avec de l'oxygène jusqu'à la pression de 200 Bar, puis fermer le robinet (post1) du bloc ,
k) Eteindre le compresseur d'oxygène, dévisser le tuyau en serpentin(post 6)du raccord de remplissage du bloc et retirer l'adaptateur (post 5) du tuyau (post 4).
l) revisser le bouchon fileté (post 3) sur le raccord de remplissage ainsi que le couvercle (post 20) du détendeur,
m) remonter le bloc dans l'appareil et raccorder le tuyau (post 4) au connecteur de purge (fig 1 – post 20).et refermer le couvercle de l'appareil

7.1.2   Remplissage du bloc Nitrox (voir fig. 29)

a) Femer le robinet (pos 3) du bloc Nitrox
b) dévisser le bouchon fileté (post 2) du raccord de remplissage et connecter le tuyau spiralé (post 1) au raccord de remplissage du bloc
c) ouvrir le robinet (post 3),

d) mettre en route le compressur de mélange Nitrox ,
e) remplir le bloc avec du mélange Nitrox jusqu'à la pression de 200 Bars, et ensuite fermer le robinet (post 3)
f) Eteindre le compresseur de Nitrox, déconnecter le tuyau spiralé (post 1)du raccord de remplissage du bloc,
g) revisser le bouchon fileté (post 2) sur le raccord de remplissage du bloc,
h) dévisser le raccord fileté (post 4) purger la pression et revisser le raccord fileté (post 4)

7.1.3   <u>Remplissage de la cartouche de régénération avec la substance « O-3 » (voir fig. 10)</u>

a) dévisser l'écrou supérieur qui connecte la cartouche de régénération au sac respiratoire (la cartouche « O-3 » et peinte en couleur bleu clair),
b) dévisser l'écrou papillon et retirer la cartouche de régénération
c) dévisser le bouchon fileté (pos 2)
d) Rincer la cartouche à l'eau potable et la sècher soigneusement de toute trace d'humidité,
e) Après séchage, examiner soigneusement la cartouche et s'assurer de l'absence de dommages ou de résidus de matière. ,
f) Effectuer le remplissage de la cartouche de régénération avec la substance « O-3 », en faisant passer celle ci dans un tamis, par petites quantités et en tassant soigneusement (la substance doit remplir la cartouche jusqu'à 10 à 12 mm du bord) ,
g) faire passer dans la cartouche de l'air qui ne contient aucune matières grasse ,
h) Revisser le bouchon fileté (pos 2)
i) Remonter la cartouche dans l'appareil la couture longitudinale vers la bas

7.1.4   <u>Remplissage de la cartouche de régénération avec la substance « ХП-И » (voir fig 10)</u>

Le remplissage s'effectue de façon analogue à celle utilisée pour le remplissage de la cartouche régénératrice avec la substance « O-3 », avec la différence que celle ci sera remlie complètement. La cartouche pour la substance absorbante « ХП-И » est peinte en couleur gris clair.

7.1.5   <u>Remplissage du boîtier régénérateur à matière lamellaire « ВПВ-1 » (voir fig. 15)</u>

a) dévisser le bouchon fileté (post 1)
b) ouvrir le couvercle (post 2) et dévisser le bouchon en cloche (post 8)
c) enlever les blocs de matière lamellaire usés, rincer et sècher soigneusement le boîtier
d) positionner les nouveaux blocs de matière lamellaire, faire passer dans la cartouche de l'oxygène ou de l'air qui ne contient aucune matière grasse,
e) refermer le couvercle du boîtier. ,
f) positionner le levier (post 11) et revisser l'écrou (post 1) ,
g) positionner le boîtier dans l'appareil

7.2   Vérification de l'appareil avant la plongée

Avant toutes plongées il est nécessaire de faire les vérifications suivantes :

a) Vérification de l'intégrité de l'ensemble et de dommages éventuels,
b) Bloc d'oxygène de l'appareil remplis complètement,
c) Substance chimique présente dans les cartouches, et fermeture hermétique des boîtiers
d) Le serrage des raccords filetés
e) L'étanchéité des circuits haute et basse pression de l'équipement et le bon fonctionnement de la valve de surpression du sac respiratoire.
f) Etanchéité des valves en mica du boîtier de l'embout
g) Résistance à l'inspiration et/ou à l'expiration
h) Fonctionnement de la valve à la demande,
i) Bloc Nitrox remplis complètement pour les plongées à plus de 15 m, et le bon fonctionnement du détendeur.

7.2.1   Vérification de l'intégrité de l'ensemble et de dommages éventuels

Vérifier chacun des composants et connections de l'appareil, particulièrement les déteriorations possibles des pièces en caoutchouc, vérifier des endommagements possibles des attaches du tablier et des sangles de l'équipement, vérifier le raccordement correct des cartouches de régénération, des blocs et de l'ensemble de l'embout.

7.2.2   Bloc d'oxygène de l'appareil remplis complètement

a) Déconnecter le mécanisme de rinçage (s'il est raccordé),
b) Ouvrir avec précaution le robinet du bloc d'oxygène.
c) Vérifier l'indication du manomètre, la pression doit être dans la zone entre 180 à 200 Bar,
d) Fermer le robinet du bloc d'oxygène.
e) Purger le système en exerçant une pression sur la membrane de la valve à la demande, après avoir enlevé le couvercle (post 20, fig. 4).

7.2.3 <u>Substance chimique présente dans les cartouches et fermeture hermétique des boîtiers</u>

a) Retirer le couvercle de l'équipement.
b) Devisser les écrous papillon retenant les cartouches et/ou le boîtier au corps de l'appareil
c) Deconnecter les cartouches et boîtier du sac respiratoire et les retirer de l'équipement. Placer les cartouches et boîtier avec les genouillère et bouchons vers le haut. Ouvrir les bouchons et relâcher les genouillères du couvercle des cartouches et du boîtier contenant les blocs de matière lamellaire.
d) Vérifier que les crtouches et boîtier sont remplis de substance chimique.
e) Refermer les bouchons à visser, et refrmer le couvercle du boîtier pour la msubstance lamellaire. (post 2, voir Fig.10),
f) Détacher le tuyau d'expiration à l'emsemble de l'embout de l'appareil.
g) Fermer les sorties d'expiration du sac respiratoire vers les cartouches (post 5 fig 9) par des bouchons en liège ПР-217 de l'ensemble d'outillage ЗИП-ПКУ-1
h) Par une expiration la plus forte possible dans le tuyau, vérifier l'établissement d'une pression. Si cette pressio n'apparaît pas, vérifier l'étanchéité des fermetures et raccords.
i) Rebrancher les cartouches et boîtier - avec couture vers le bas – au sac respiratoire, fixer les cartouches et boîtier au corps de l'appareil et rebrancher le tuyau d'expiration sur le boîtier de l'embout.

7.2.4 <u>Essai du jeu sur les filetage des raccords de jonction.</u>

Vérifier le jeu sur les filetage des raccords à visser, des jonctions filetées..etc…au moyen des outillages adéquats.

Remarque :
Lors du serrage des raccords à visser avec un filetage 1/4" veiller à ne pas exercer une trop grande force.

7.2.5 <u>L'étanchéité des circuits haute et basse pression de l'équipement et le bon</u>
<u>fonctionnement de la valve de surpression du sac respiratoire</u>

a) Tourner le papillon de la valve de l'embout sur la position «HA AППAPAT » ;
b) Enlever le couvercle
c) Ouvrir le robinet du bloc d'oxygène ;
d) Connecter le « ПР-392», contenu dans l'ensemble d'outillage «ЗИП-1 », au raccord de liaison de la valve de surpression. ;
e) remplir le sac respiratoire par l'embout avec de l'air exhalé et tourner le papillon de la valve sur la position «HA BOЗДУХ» ;
f) Immerger l'équipement dans un bac de façon à ce que toutes les parties soient entre 10 et 20 mm en dessous de la surface ;
L'appareil est considéré comme étanche si on n'observe pas de bulles qui s'échappent de l'appareil
g) Retirer les bouchons des évents de la valve de surpression, presser sur le sac respiratoire avec le plat de la main.
Le fonctionnement de la valve de surpression est correct si l'air s'échappe.

7.2.6 Etanchéité des valves en mica du boîtier de l'embout

a) Mettre le papillond de la valve de l'embout sur la position «HA АППАРАТ » ;
b) Boucher le tuyau annelé d'inhalation , et essayer d'inspirer par l'embout. La valve d'expiration est étanche si on n'aspire pas de gaz durant l'inspiration ;
c) Boucher le tuyau annelé d'expiration , et essayer d'expirer par l'embout. La valve d'inspiration est étanche si le gaz ne sort pas durant l'expiration .

7.2.7 Résistance à l'inspiration et/ou à l'expiration et du fonctionnement du détendeur à la demande

a) Débrancher le mécanisme de rinçage de l'appareil et ouvrir le robinet du bloc d'oxygène,
b) Mettre la vanne de l'embout sur la position «HA АППАРАТ » (vers l'équipement),
c) Essayer deux à trois cycles d'inspiration et d'expiration sur l'embout. La résistance à l'inspiration et l'expiration est correcte si cela se fait sans difficulté.,
d) Essayer l'inspiration par l'embout puis éxpiration par le nez, de sorte que le détendeur à la demande fournisse de l'oxygène. Le résultat de l'essai est correct si le détendeur à la demande fourni de l'oxygène et fonctionne sans difficulté.
e) Fermer le robinet du bloc d'oxygène et vérifier le manomètre pendant 3 à 4 minutes. Le détendeur à la demande se ferme correctement si la lecture du manomètre reste constante ,
f) Purger l'oxygène du circuit haute pression en poussant sur la membrane du détendeur à la demande.

7.2.8 Etat de remplissage du bloc Nitrox remplis complètement, et fonctionnement correct du détendeur.

a) Ouvrir lentement le robinet du bloc de Nitrox, et lire l'affichage du manomètre. La pression indiquée doit se situer entre 180 et 200 Bar ..
b) Fermer le robinet du bloc de Nitrox et vérifier le manomètre pendant 2 à 3 minutes. La lectire doit rester inchangée pendant ce laps de temps.
c) Pousser sur les tiges des valves du raccord avec un petit bâtonnet en bois. La pression (indiquée par le manomètre) ne peut pas chuter.

Remarque:
   a) Si on ne plonge pas immédiatement, il faut, après avoir fermer le robinet du bloc, purger le circuit haute pression, Pour cela dévisser le tuyau d'alimentation (post 4 voir fig 19) et attendre que la pression soit retombée, ensuite reconnecter ce tuyau.
   b) Si la pression chute lorsqu'on pousse sur la tige de valve, remplacer le détendeur du dispositif de rinçage par un nouveau en bon état (défaut d'herméticité de l'élément sensible post 14 ou de la valve post 9, voir fig 21)

7.3   Préparation pour l'utilisation de l'équipement à bord d'un avion

NB : Utiliser le dispositif de test « ПКУ-1 » (PKU-1)
En plus des opérations de préparation décrites aux points 7.1 et 7.2 avant l'utilisation de l'équipement , les vérifications suivantes doivent être effectuées :
  a) Les caractéristiques et état du dispositif « КП-58А »(KP-58A) et du tuyau « КШ-56 »(KSCH-56)
  b) L'herméticité du tuyaux annelé d'inspiration et de la valve d'inspiration
  c) La résistance du tuyau annelé d'expiration et de la valve d'expiration

7.3.1 Vérification de l'étanchéité des tuyaux annelés (fig 30)

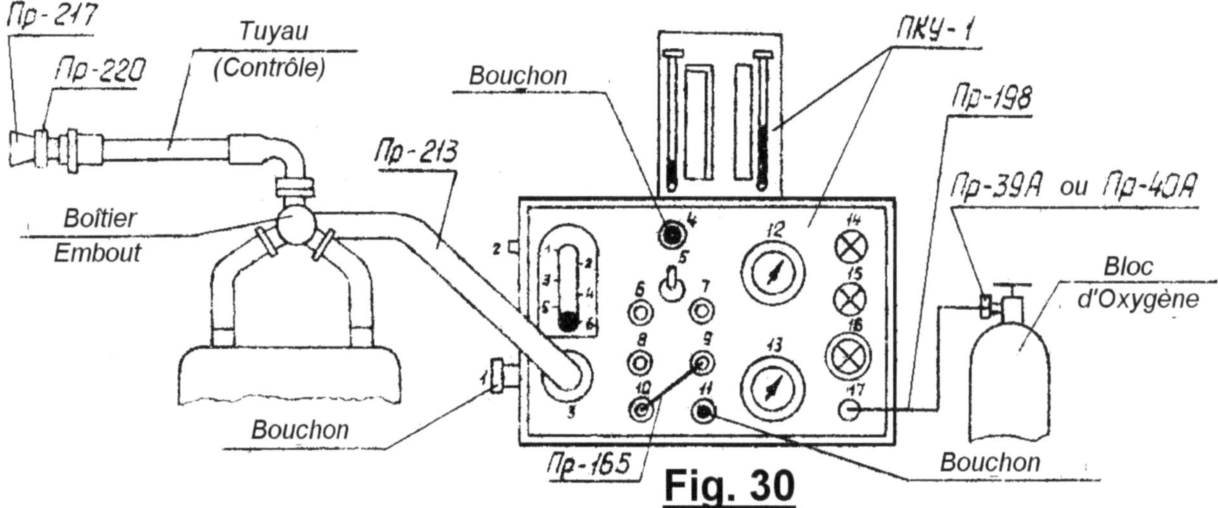

  a) Effectuer les raccordements selon la figure 30. Mettre le commutateur de l'embout sur la position « НА ВОЗДУХ » (sur ambiance)
  b) Mettre en fonction le gicleur n°6 et le commutatteur en position 6
  c) Fermer la valve n°14 et le détendeur n°16
  d) Ouvrir la valve n°15 et le robinet du bloc
  e) Réduire la sortie du détendeur n° 16 à 100 mm de colonne d'eau (10 milliBar) au moyen du mano-vacumètre et lire l'indication du rhéomètre.
  f) Fermer le détendeur n°16, raccorder le ПР-220 au tuyau, et celui-ci à la jonction 3 du ПР-213 (sur le ПКУ-1)
  g) Vérifier la connexion du tuyau à la jonction n°3
  h) Ajuster la sortie du détendeur n°16 à une pression de 50 mm de colonne d'eau (5 milliBar) au moyen du mano-vacumètre et lire l'indication du rhéomètre
Les résultats des essais sont corrects si le ménisque du liquide du rhéomètre ne dépasse pas la limite de 0,2 L/min pour le point « e) » et 0,1 L/min pour le point « h) »

7.3.2 Vérification de la résistance au flux des tuyaux annelés et de la valve d'expiration (fig 31)

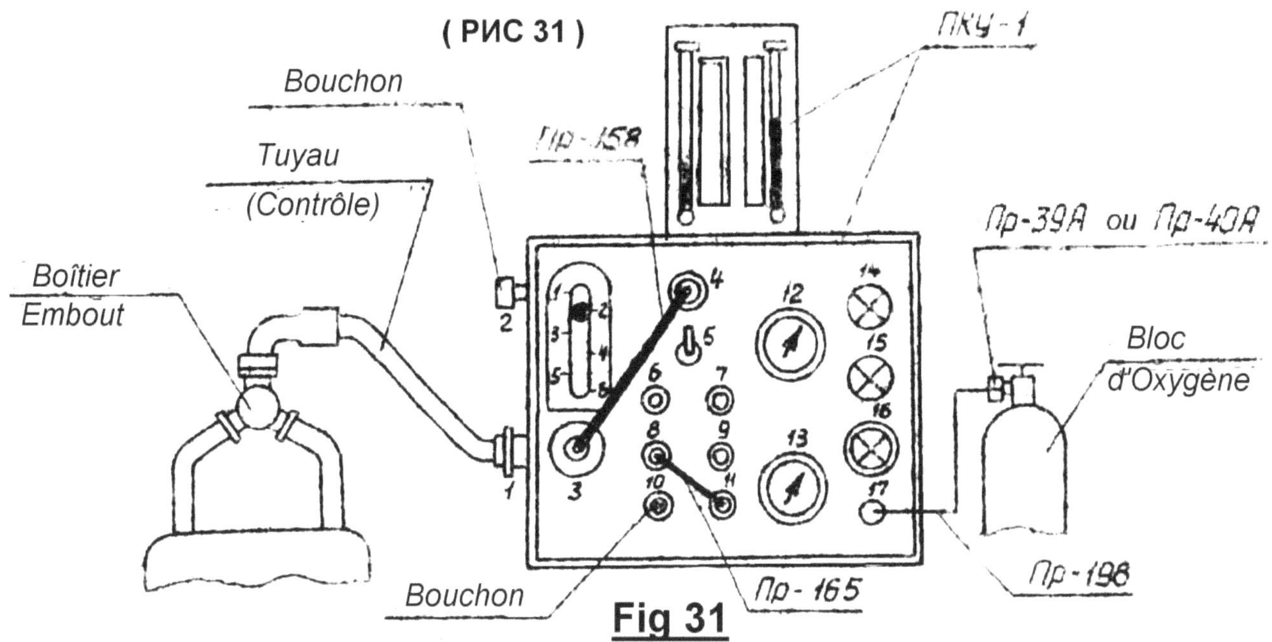

Fig 31

a) Effectuer les raccordements selon la figure 31. Mettre le commutateur de l'embout sur la position « НА ВОЗДУХ » (sur ambiance)
b) Mettre en fonction le gicleur n°2 et le commutatteur sur la position 2
c) Fermer les valves n°14,15 et le détendeur n°16
d) Ouvrir le robinet du bloc
e) Régler le détendeur n°16 pour un débit de 30 L/min lu sur le rhéomètre, et enregistrer la valeur lue sur le mano-vacumètre
f) Mettre le commutatteur de l'embout sur la position « НА АППАРАТ » (vers l'appareil)
g) Régler le détendeur n°16 pour un débit de 15 L/min lu sur le rhéomètre, et enregistrer la valeur lue sur le mano-vacumètre

Les résultats de essais sont corrects si :
- La lecture du mano-vacumètrene dépasse pas 10 mm de colonne d'eau (1 milliBar)lors de l'essai « e) »
- La lecture du mano-vacumètre lors de l'essai « g) » se trouve dans une plage de 30 à 45 mm de colonne d'eau (3 à 4,5 milliBar) par rapport à la lecture faite lors de l'essai « e) »

7.4   Préparation de l'équipement complet avant le vol

Avant le vol en avion ou hélicoptère il est nécessaire de :

a) Effectuer un contrôle visuel de l'équipement, et si nécessaire remplacer les éléments défectueux ou endommagés
b) Fixer le parachute à l'équipement, en ayant au préalable pour cela enlevé le plastron et la ceinture de l'équipement
c) Vérifier la quantité d'oxygène dans le bloc selon la méthode décrite au point 7.2.2, et connecter le mécanisme de rinçage à l'équipement
d) Prendre l'appareil et revêtir l'équipement complet (sans le masque), mettre le commutateur du boîtier de l'embout su la positon «НА АППАРАТ » (vers l'équipement)
e) Raccorder le tuyau annelé (fig 22) à l'embout et vérifier que la liaison soit correcte. En prenant en main le tuyau annelé, essayer de détacher les manchons du tuyau et de l'embout, en tirant, en faisant cela aucune ouverture ne peut apparaître.
f) Avant de monter dans l'avion (ou l'hélicoptère) gonfler le sac respiratoire à l'oxygène. Il faut pour cela raccorder l'équipement à une source d'oxygène d'une pression entre 50 et 150 Bars (fig 23 post 21) au moyen du dispositif « initialiseur ». Insérer l'adaptateur (post 9) dans l'embout ou dans le masque facial, pousser le bouton (post 7) pendant un moment et le relâcher ensuite. Après que l'apport d'oxygène par l' « initialiseur » soit terminé, on place le commutateur de l'embout sur la position « НА ВОЗДУХ » (sur ambiance) et on retire l'adaptateur (post 9) hors de l'embout.
g) Aller vers sa place dans l'avion (ou l'hélicoptère)
h) Raccorder le tuyau КШ-56 à la source d'oxygène de l'avion (ИТ-2 ou ИК-32), le tuyau КШ-56 sera raccorder de façon à ce que les indications de direction de flux d'oxygène in diquées sur le système de distribution de l'avion et sur l'extrémité du tuyau coïncident
i) S'asseoir à sa place dans la cabine de l'avion (de l'hélicoptère)
j) Sortir le dispositif КП-58А de son étui et raccorder la tuyau annelé au tuyau КШ-56 et au dispositif КП-58А
k) Accrocher le dispositif КШ-56 au moyen de sa pince à la sangle du parachute sur la droite de la poitrine.
l) Mettre le masque
m) Vérifier l'étanchéité du tuyau annelé et de la partie basse pression du dispositif КП-58А. Pour cela, fermer au moyen du bouchon à bayonnette la valve de raccordement à la source de gaz du КП-58А et effectuer une inspiration. S'il est impossible d'inspirer, alors le tuyau et l'étage basse pression sont hermétiques.
n) Enlever le bouchon à bayonnette et le remettre de côté dans son étui.
o) Essayer le fonctionnement de l'assemblage après que la pression d'oxygène nécessaire ait été établie par un membre de l'équipage de l'avion (de l'hélicoptère). Si l'assemblage et l'initialisateur sont en ordre de marche, l'indicateur va réagir lorsque on effectue des inspirations et expirations, c'est à dire que le flotteur se déplace dans le tube en verre de l'indicateur.
p) Vérifier l'herméticité du raccordement et du circuit haute pression. Pour faire cela, prendre une profonde et longue inspiration, et ensuite expirer lentement en observant le flotteur de l'indicateur.

7.5　Preparation de l'équipement pour l'utilisation

La préparation de l'équipement avant utilisation comporte les vérification at actions suivantes :

a) Inventaire et état de l'équipement ,
b) Configuration et raccords de l'équipement,
c) Fonctionnement du mécanisme de rinçage,
d) Fonctionnement et configuration des connexion du bloc Nitrox
e) Fonctionnement de l'initialisateur
f) Fonctionnement des dispositifs КШ-56, КП-58А et des tuyaux annelés (pour la respiration pendant le vol)

7.5.1　Vérification, inventaire et état des différentes parties.t

Les différentes parties de l'équipement doivent être inspectées soigneusement.
Il faut porter une attention particulière aux éléments suivants :

Les éléments en caoutchouc et les tuyaux sont complets et intacts,
Chaque pièce est exempt de défaut et que chaque connection soit fermemment raccordée.
Les cartouches de régénération, blocs, et embouts sont correctement fixés et raccordés.
Les cartouches de régénération et les blocs sont remplis avec le type correct de substance et de mélange de gaz, et avec la quantité préconisée.
Les joints en caoutchouc de l'équipement КШ-56 et des tuyaux respiratoires annelés sont présents

7.5.2　Vérification de l'aspect et du fonctionnement de l'équipement.

La vérification sera effectuée selon les points suivants en utilisant l'appareil ПКУ-1 selon les procédures prévues, qui sont décrites dans les recommandations pour l'appareillage ТП ;

a) Vérification de la résistance respiratoire avec les cartouches vides :
* Le résultat de la vérification est correct si nla résistance respiratoire ne dépasse pas 55 mm de colonne d'eau avec un débit de 100L/min.

b) Vérification du début d'ouverture de la valve de surpression (dispositif de sécurité du sac respiratoire);
* Le résultat de la vérification est correct si la valve de surpression commence à s'ouvrir avec une pression de 120 à 160 mm de colonne d'eau pour un débit de 1L/min.

c) Vérification de la résistance à l'ouverture de la valve de surpression (dispositif de sécurité du sac respiratoire);-
* Le résultat de la vérification est correct si la résistance à l'ouverture de la valve de surpression ne dépasse pas 220 mm de colonne d'eau pour un débit de 100L/min.

e) Vérification du réglage de pression (pression statique) du détendeur d'oxygène (pression à la sortie du détendeur sans consommation)
* Le résultat est correct si la pression à la sortie sans consommation ne dépasse pas 6 bar avec une pression de 180 à 200 bars dans la bloc.

Remarque:
Le connecteur du manomètre au tuyau de basse pression est le ПР-402 (provenant du set
« ЗИП-1 » ZIP-1)

f) Vérification du détendeur à la demande (voir fig 15 – post 27) et de son rendement

<u>Fig 31a</u>

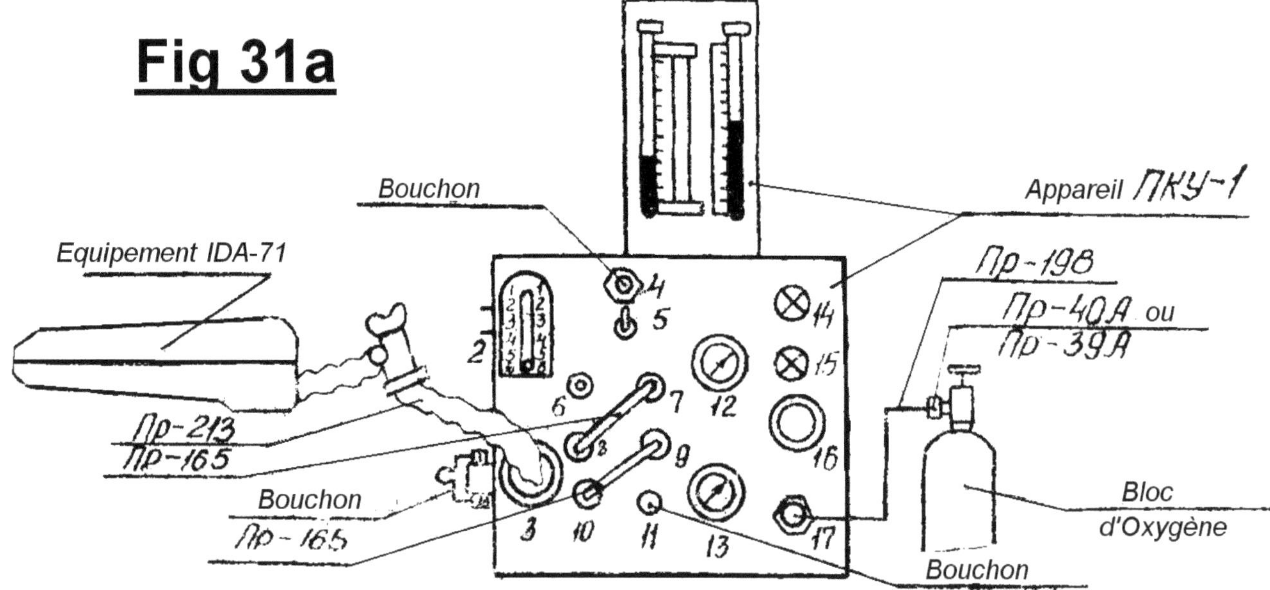

a) Effectuer les raccordement comme indiqué à la figure 31a
b) Régler le clapet du robinet de l'embout sur la position « HA AППАРАТ » (vers
    l'appareil) et enlever le couvercle (post 13 voir fig 9) du détendeur 20 (voir fig 4) du sac
    respiratoire
c) Régler la buse (de l'ajutage) post 6 et sur l'échelle n°6 (consommateur)
d) Fermer les valves 14,15 et le réducteur 16
e) Ouvrir le robinet du bloc d'oxygène, celui ci ayant une pression entre 50 et 200 Bars,
    ainsi que la valve de raccordement du bloc
f) Régler le réducteur 16 pour une pression de 4 à 5 Bars, contrôlé sur le manomètre 13
g) Régler la valve 15 pour donner un débit de 1L/min, ajuster avec precision au moyne du
    rhéomètre et rafiner le réglage avec le manovacumètre
h) Fermer le réducteur 16 et la valve 15
i) Enlever le bouchon du raccord 1, et le maintenir sur le raccord 2
j) Monter la buse n°1 et le tuyau n°1
k) Mettre le bouchon ПР-392 , provenant du set ЗИП-1(ZIP-1), sur l'orifice de sortie du
    raccord de la soupape de surpression du sac respiratoire
l) Appuyer sur le point d'enfoncement de la membrane du détendeurdu sac respiratoire et
    rafiner le réglage au moyen du rhéomètre

Les résultats de la vérification sont considérés comme positifs si :
• Les indications du manovacumètre se situent précisément entre 95 et 140 mm de colonne
   d'eau
• Les indications précises du rhéomètre ne se trouvent pas en dessous de 100 L/min

 Remarque:
En cas de nécessité de régler à nouveau le détendeur du sac respiratoire, voir les instructions
décrites dans le, tableau 10 , au point 18

7.5.3 <u>Supprimé dans le manuel de 1972</u>

7.5.4 <u>Vérification de l'installation et du fonctionnement de la liaison avec le bloc Nitrox</u>

Ces essais sont effectués selon la même méthode qu'exposée aux points 7.5.5 et 7.5.6.

7.5.5 <u>Vérification de la pression à la sortie du détendeur (voir fig. 29) sans consommation</u>

a) Remplir le bloc avec un mélange Nitrox à une pression de 180 à 200 Bar.
b) Devisser l'écrou (pos 4) et déconnecter le tuyau (pos 5) du détendeur.
c) raccorder le manomètre (post 6) avec le tuyau du kit «ЗИП-1»(ZIP-1) à la position 4 du détendeur
d) ouvrir lemtement le robinet (post 3) du bloc Nitrox et vérifier la pression affichée par le manomètre (post 6) après une minute,
e) Fermer le robinet du bloc Nitrox, démonter le manomètre (post 6) du détendeur et rattacher la tuyau (post 5) du dispositif de purge automatique. – ne pas serrer l'écrou (post 4) de manière excessive.

La résultat de la mesure est correct si la pression affichée (au point d) est d'environ 9 Bar..

7.5.6 <u>Vérification de l'alimentation en Oxygène et en Nitrox, et de la profondeur à laquelle le rinçage automatique se produit. (voir fig 33)</u>

a) Remplir le bloc avec un mélange Nitrox à une pression de 180 à 200 Bar et fermer les robinets.
b) Sortir le dispositif de purge automatique (post 4) hors du sac du bloc Nitrox (post 11),
c) Visser le dispositif de mise en pression (post 5) provenant du kit «ЗИП-1»(ZIP-1), sur le senseur de pression du dispositif de purge automatique (post 4), et le relier au raccord "4" du dispositif «ПКУ-1» au moyen du tuyau «ПР-53»
d) Effectuer la liaison selon la figure 33
e) Fermer les valves «14» et «15» et le réducteur «16» de l'appareil «ПКУ-1»
f) relier les tuyaux (post 2 et 8) des manomètres (post 3 et 9) aux raccords de remplissages des blocs de Nitrox et d'oxygène.,
g) Ouvrir les robinets des blocs (post 1 et 7),
h) lire l'indication du manomètre d'oxygène (post . 9)
i) Connecter le coupleur (post 10) à l'équipement et démarrer le chronomètre au même moment.,
j) A la fin du rinçage (le bruit de sifflement s'arrête) arrêter le chronomètre, et lire l'affichage du manomètre d'oxygène (post 9)
k) Calculer la différence entre les lectures du manomètre aux paragraphes "h" et "j";
l) Lire l'affichage du manomètre Nitrox (post 3)
m) Augmenter lentement la pression dans le dispositif de mise en pression (post 5) sur le senseur de profondeur (voir point "c") jusqu'à atteindre une pression de 2 à 3 Bar, vérifier cela au moyen du manomètre (post 6).
n) Lorsque le rinçage au Nitrox démarre, lire l'indication du manomètre (post 6) et lancer le chronomètre.

o) A la fin du rinçage au Nitrox, arrêter le chronomètre et lire l'indication du manomètre Nitrox (post 3).
p) Calculer la différence entre les lectures du manomètre Nitrox (post 3) aux points "l" et "o",
q) Lire l'indication du manomère d'oxygène (post 9),
r) Tourner lentement le boutondu réducteur "16" de l'appareil «ПКУ-1» dans le' sens horlogique, en vérifiant l'affichage de manomètre (post 6).
s) Lorsque le cycle de rinçage à l'oxygène commence, lire l'indication du manomètre (post 6) et lancer le chronomètre.,
t) A la fin du cycle de rinçage à l'oxygène, arrêter le chronomètre et lire l'indication du manomètre d'oxygène (post 9),
u) Calculer la différence entre les lectures du manomètre d'oxygène (post 9) aux points "q" et "t"
v) Fermer les robinets des blocs (post 1 et 7) et déconnecter les tuyaux des manomètres (post 2 et 8) des blocs.
w)   séparer le bloc Nitrox (post 11) de l'équipement et ranger le dispositif de rinçage (post 4) dans l'étui.
x) Remplir les blocs oxygène te Nitrox à une pression de 180 à 200 Bar.

Le résultat de la vérification est correct si :

-les différences de pression calculée aux points "k" et "u" se situent entre 20 et 27 Kgf/cm² ce qui indique un volume de rinçage d'oxygène de 20 à 27 litres;
-La durée du rinçage à l'oxygène vérifiée aux points "j" et "t" se situe entre 10 et 30 secondes
- La différence de pression calculée au point "p" se situe entre 35 et 50 Kgf/cm² ce qui indique un volume de rinçage de Nitrox de 35 à 50 litres.
- La durée du rinçage au Nitrox vérifiée au point "o" se situe entre 15 et 40 secondes.
- La pression, donc la profondeur, à laquelle le rinçage au Nitrox se déclenche, selon le point "n" en fonction de la variation de profondeur se situe dans la zone imposée.
- La pression, donc la profondeur, à laquelle le rinçage à l'oxygène se déclenche, selon le point "s" en fonction de la variation de profondeur se situe dans la zone imposée.

Remarque:
Lors de l'ajustement de la pression, donc la profondeur, à laquelle le rinçage au Nitrox se produit, il faut tenir compte de la différence de température entre l'ambiance dans laquelle le senseur de profondeur est vérifié , et la tempéreture ambiante de l'eau à la profondeur de 15 à 20 m.
Avec une différence de température de 10°C, la profondeur à laquelle le dispositif de rinçage automatique entrera en fonction variera de 1 m. Si la température de l'eau est inférieure à la température ambiante lors de la vérification, le rinçage au Nitrox se produira à une profondeur plus faible que celle mesurée lors de la vérification.

Exemple: Température ambiante de 24°C dans l'air lors de la vérification , tempétrature de l'eau à 6°C. La différence de température est de 18°C
Le facteur de correction sera de 1,8m, soit 0,18 Kgf/cm² en moins.

Ainsi pour démarrer un rinçage au Nitrox à une profondeur de 15 à 18m , donc une pression de 1,5 à 1,8 Kgf/cm², avec une température de l'eau à 6°C, il faut ajuster le senseur de profondeur pour démarrer le rinçage au Nitrox avec une correctio de 0,18 Kgf/cm² ce qui donne un réglage de pression entre 1,68 et 1,98 Kgf/cm².

Cette modification du réglage agit directement sur le déclenchement du riçage à l'oxygène avec le même facteur de 0,18 Kgf/cm², ce qui donnera à cette même température de l'eau de 6°C un déclechement du rinçage à l'oxygèen à une pression de 1,38 à 1,68 Kgf/cm² , donc à cette température une profondeur de 12 à 15 m

7.5.7 <u>Vérification du fonctionnement du dispositif Initialiseur</u>

   a) Connecter l'initialiseur à une source d'oxygène d'une pression de 50 à 150 Kgf/cm²
   b) Le tuyau de l'initialiseur est tenu en main et dirigé vers le haut
   c) Ouvrir le robinet de la source d'oxygène
   d) Après l'établissement de la pression, enfoncer le bouton "6" de la figure 23 et en même temps démarrer le chronomètre
   e) Après l'arrêt du débit, lire le temps sur le chronomètre;

Le résultat de la vérification est considéré comme correct si le temps pendant lequel l'oxygène est débité se situe entre 15 et 38 secondes.

7.5.8 <u>Vérification du fonctionnement de l'équipement «КП-58А» du tuyau « КШ-56» et des tuyaux respiratoires annelés</u>

a) La vérification de l'équipement «КП-58А» et du tuyau « КШ-56» sera effectuée selon les procédures réglementaires, ainsi qu'exécutée complètement après « chaque utilisation de l'équipement lors d'un saut en parachute», suivant les procédures décrites dans les instructions d'utilisation des équipements «КП-58А» , et « КШ-56»
.
b) La vérification des tuyaux respiratoires annelés sera effectuée conformément aux procédures décrites dans les points 7.3.1 et 7.3.2.

Remarque:
Pour éviter l'introduction de poussières et particules de matière polluantes dans le dispositif «КП-58А» et dans les tuyaux respiratoires annelés , ceux ci seront toujours rangés dans leurs étuis en dehors de leur utilisation ou de leur vérification.

7.5.9 <u>Vérification de l'étanchéité du circuit d'expiration de l'équipement (fig 32A)</u>

   a) Retirer le couvercle de l'équipement : déconnecter le sac respiratoire (contre-poumon) des cartouches retirer ces parties de l'équipement;
   b) Déconnecter le tuyau d'expiration du boîtier de l'embout de l'équipement et effectuer les raccordement comme indiqué dans la figure 32A
   c) Fermer les vannes "14" et "15" et le réducteur "16" de l'appareil «ПКУ-1», et mettre le commutateur « 5 » sur la position « ОТКРЫТО» (« ouvert »)
   d) Ouvrir le robinet du bloc d'oxygène monté sur l'appareil «ПКУ-1»,
   e) Régler le réducteur "16" sur une pression de 3-5 Kgf/cm², vérifiée sur le manomètre "13"
   f) Ouvrir lentement la vanne "14" jusqu'à une pression de 1500 (+300) mm de colonne d'eau, contrôlée sur le manomètre "12" et mettre le commutateur "5" sur la position «ЗАКРЫТО» (« fermé »)

g) Vérifier l'affichage du manomètre "12", et attendre 1 minute.
Le circuit d'expiration est coidéré comme étanche si après cette minute la pression affichée sur le manomètre "12" n'a pas chuté de plus de 100 mm de colonne d'eau.

h) Fermer la vanne du bloc d'oxygène connecté sur le «ПКУ-1», et mettre le commutateur « 5 » sur la position « ОТКРЫТО» (« ouvert »). Réinstaller les cartouches et le sac respiratoire dans l'équipement. Reconnecter le tuyau d'expiration annelé au boîtier de l'embout et fermer le couvercle de l'équipement.

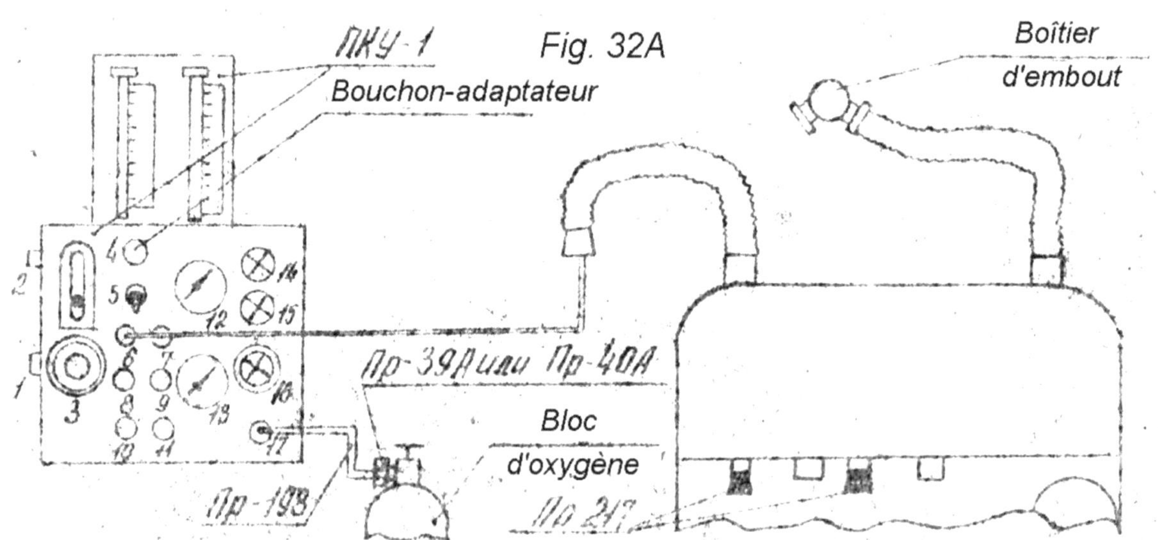

7.6   Techniques de sécurité

a) tous les composants de cet équipement , et les outillages doivent être maintenus exempt d'huile et de graisse.

Les graisses en contact avec l'oxygène présentent un danger d'explosion !

b) Pour éviter les risques d'explosion, l'équipement et les blocs doivent être protégés des chocs violents.

c) Lors de la manipulation des substances en paillettes "ВПВ-1" et "О-3" il est nécessaire de respecter les règles suivantes :

- Eviter le contact de ces substances avec les habits, chaussures et les parties exposées du corps. Prendre garde à ne pas inhalerde la matière absorbante, celle-ci est irritante
- Les cartouche doivent être remplies dans une zone bien ventilée, et de préférence à l'extérieur. S'assurer qu'il n'y a pas de matériaux combustibles à proximité (graisse, chiffons, ..etc..)
- Utiliser des gants en caoutchouc, et une protection pour les yeux. En cas de contact de ces substances avec la peau, rincer immédiatement avec de l'eau courante, et ce faisant, proteger les yeux et les voies respiratoire de l'eau de rinçage, celle ci étant devenue chimiquement basique.

- En cas de contact des substances "ВПВ-1" et "О-3" avec de l'eau, il se produit une réaction exothermique brutale. C'est pourquoi, pour éviter les explosions, il ne faut jamais ouvrir la cartouche régénératrice ni verser la substance usagée à proximité de l'eau.
- Désactiver la substance usagée en l'arrosant au jet d'eau dans un endroit adéquat, après l'avoir répendue hors de la cartouche régénératrice.

d) Le sac respiratoire, l'embout et les tuyaux respiratoires annelés doivent être désinfectés régulièrement de la façon suivante :

Enlever le couvercle, le bloc oxygène et les cartouches régénératrices de l'équipement

- Détacher de l'appareil les tuyaux respiratoires annelés, et les détacher de l'embout
- Enlever le capot n° 30 (voir fig 4) de la valve de surpression
- Au moyen de la clé provenant du kit d'outillage «ЗИП-2», dévisser le raccord post 15 (fig 9) qui fait partie de la connection post 14 (fig 9).
- Rincer à l'eau courante les tuyaux respiratoires annelés et l'embout
- Nettoyer le sac respiratoire et le boîtier en les trempant plusieurs fois dans un bassin remplis d'eau potable.
- L'eau est évacuée du sac respiratoire par l'ouverture post 15
- Le sac respiratoire, les tuyaux respiratoires annelés et le boîtier d'embout sont désinfetés par rinçage avec de l'alcool éthylique (ГОСТ 5962-67)
- Après avoir vidé le sac respiratoire, les tuyaux respiratoires annelés et le boîtier d'embout de l'alcool éthylique, sécher ceux-ci en soufflant de l'air propre (non-gras) au travers de ces pieces, rattacher le raccord post 15 (fig 9) sur la connection post 14 (fig 9) et réassembler l'équipement.

8.1   L'équipement est destiné à être utilisé dans les situations suivantes;

a) En plongée,
b) Lors de vols en avion ou hélicoptère,
c) Lors de sauts en parachute d'avion ou d'hélicoptère,

8.2   En plongée

Avant la plongée, l'équipement ce communication «УГОРЬ-В» doit être monté dans l'appareil, comme indiqué à la fig 34.
Attacher l'unit é de liaison «ОДИН» dans le boîtier à laposition indiquée pour l'unité «ОДИН», auparavant le couvercle n° 28 (fig 4) aura été enlevé. Le câble (post 7) longe le sac respiratoire en passant dans une rainure, et est fixé au boîtier par des bracelets (post 2). Ces sandows sont fixés dans les trousménagés dans le boîtier. Au delà de ces bracelets le câble n'est plus fixé et suit un trajet entre les cartouches régénératrices, vers l'équipement de communication (post 5)
L'équipement de communication (post 5) est fixé au boîtier au moyen de brides serrées par des vis (post 3) et écrous . Une ouverture est prévue dans le boîtier pour le câblede sortie (post 6)

Pour mettre en œuvre la liaison et utiliser correctement les dispositifs de communication, il faut consulter les instructions d'utilisation et procédures pour l'unité «УГОРЬ-В»
En plongée, l'équipement est utilisé en conjoction avec une combinaison de plongée.

a) Fixation de l'équipement sur le plongeur;-

Le plongeur porte l'équipement sur le dos, celui ci est attaché au plongeur au moyen d'un harnais et caoutchouc et de sangles, il est assuré au moyen d'une ceinture.
Pour les plongées à une profondeur au delà de 15 mètres, un bloc Nitrox extérieur est fixé à la boucle de la ceinture au moyen de mousqutons sur le coté droit du plongeur.

Il n'est pas recommandé de plonger avec le bloc Nitrox à des profondeurs de 13 à 17 mètres, car à ces rpofondeurs, le mécanisme de rinçage automatique se met continuellement en fonction et consome inutilement de grandes quantités de mélange, et de plus génère des relâchement de bulles qui signalent le plongeur.

Attention!!
L'appareil non équipé du bloc Nitrox est limité à des plongées jusqu'à 15m maximum.

b) Mise en fonction de l'équipement

-Commuter le papillon du boîtier de l'embout sur la position « НА ВОЗДУХ »
-Raccorder l'embout au casque du costume sec ou au masque facial
- Placer l'embout dans la bouche;
- Ouvrir le robinet du bloc d'oxygène

- Commuter le papillon du boîtier de l'embout sur la position « HA АΠΠAPAT »
- Raccorder le bloc Nitrox à l'équipement et ensuite ouvrir le robinet . – RINCAGE
PROBABLEMENT PAS FAIT ! : vérifier si le robinet du bloc oxygène est ouvert, car il faudra
effectuer un rinçage à l'oxygène du circuit respiratoire.
- Si on plonge sans le bloc Nitrox, il faut effectuer unn rinçage du circuite : -EQUIPEMENT &
SAC RESPIRATOIRE. Il faut effectuer 2 à 3 cycles respiratoires en inspirant à partir du sac
respiratoire et en expirant à l'extérieur vers l'atmosphère. Après cela on peut respirer
normalement à partir de l'équipement,
Avant la mise à l'eau, le plongeur respirera sur l'équipement pendant 2 à 3 minutes.

Remarque :
Si, après ouverture du robinet du bloc Nitrox, une fuite se produit, remplacer les pièces
adéquates du détendeur (étanchéité de l'élément senseur « 14 » ou de la soupape « 9 » de la
figure 21)

c) Mise à l'eau du plongeur

Avant la mise à l'eau, le plongeur s'assurerar que les robinets des blocs d'oxygène et de Nitox
sont en position ouverte, et que le papillon de commutation sur le boîtier de l'embout est sur le
position « HA АΠΠAPAT » (vers l'appareil)

Lors du processus de mise à l'eau, il est nécessaire de fixer la profondeur à laquelle on
effectuera le rinçage au Nitrox, ce rinçage se signale par et peut être la cause de :
- apparition d'un bruit de fuite de gaz
- début de surpression dans le circuit respiratoire
- modification de la flotabilité du plongeur
- baisse de pression dans le bloc Nitrox
Avec un réglage correct du détendeur, ce rinçage du circuit respiratoire au mélange Nitrox se
produira à une profondeur entre 15 et 18 mètres

Remarque :
Il est acceptable que si le rinçage se produit à une profondeur un peu inférieure à 15 mètres,
(ce qui est produit selon par la fermeture de ajutages), la plongée peut continuer à partir de ce
moment là.

Après ce rinçage Nitrox le mélange respiratoire du plongeur en toutes profondeurs jusqu'à
40m sera un mélange Nitrox avec 40% de teneur en oxygène.

Toutefois, dans ce cas, lors de la remontée à une profondeur de 10-15 mètres, le bloc Nitrox
doit être déconnecté de l'appareil, puis il faut effectuer un rinçage à l'oxygène du circuit
respiratoire: 2X fois – inspirer de l'équipement, et expirez par le nez. Ensuite continuer la
plongée à l'oxygène jusqu'à un maximum de profondeur de15 Mètres.

.
d) Le plongeur pendant le séjour sous l'eau

Le plongeur peut travailler sous l'eau dans toutes les positions possibles.
Lorsque le pression dans les blocs desend à 20 à 30 bar, le plongeur doit faire surface.
Il est entendu que si des difficultés de respiration surviennent, le plongeur devra faire surface
indépendamment de la quantité d'oxygène restante dans le bloc.

Lors de passage dans des étroitures , l'ensemble du bloc Nitrox «TA» sera détaché de la ceinture et ne sera plus raccordè que par ses tuyaux. Après passage dans l'étroiture, le bloc Nitrox «TA» sera à nouveau rattaché à la ceinture..

e) Déséquipement du plongeur

Détacher le boîtier embout du masque facial complet, enlever le lestage, puis enlever l'appareil complet et la combinaison de plongée.

f) Nettoyage de l'équipement

Après l'utilisaton en plongée de l'équipement complet, celui ci sera nettoyé au jet d'eau douce et puis sèché.

8.3   Pour l'utilisation en avion

a)   Pendant le vol, la fonction de l'appareil doit être vérifiée avec l'indicateur monté dans le tuyau « КШ-56 »(KSCH-56). Lors de l'inhalation, le flotteur doit se déplacer dans la partie visible du verre indicateur, et lorsqu'on expire, il doit revenir à sa position d'origine Dans ce cas, il faut tenir compte du fait que l'indicateur de contrôle l'alimentation en oxygène ne commence à fonctionner que lorsque l'alimentation en oxygène est effectuée à partir du circuit d'oxygène de l'avion, c'est-à-dire dans un avion à partir d'une altitude de 2000 à 4000 m.

b)   Lors du déplacement dans l'avion, les points suivants doivent être respectés:

- Le tuyau «КШП» est relié au raccord libre de la pièce en T de l'unité «КП-58А» (KP-58A) , ou bien le dispositif d'oxygène portable «КП-21» (KP-21) est connecté au tuyau « КШ-56 »(KSCH-56). (Le tuyau «КШП» et le dispositif d'oxygène portable «КП-21» (KP-21) sont disponibles dans l'avion)

- Si le tuyau «КШП» est utilisé, le connecter sur le raccord libre de la pièce en T du «КП-58А» (KP-58A) , et détacher le tuyau « КШ-56 »(KSCH-56), qui relie l'équipement à l'avion,

- Si le dispositif d'oxygène portable «КП-21» (KP-21) est utilisé, le connecter au tuyau « КШ-56 »(KSCH-56) qui aura été déconnecté de l'installation de l'avion

Par la suite, le déplacement dans l'avion est possible.

Lorsque on doit utiliser l'appareil portable «КП-21» (KP-21) on peut vérifier le flux dans le circuit d'oxygène sur le flotteur indicateur dans le tube en verre du « КШ-56 »(KSCH-56), et pour le contrôle de la réserve d'oxygène on vérifie sur le manomètre du bloc portable d'oxygène «КП-21» (KP-21)

Lorsque le plongeur-parachutiste retourne à sa place, il est nécessaire de se raccorder à nouveau à l'installation de distribution d'oxygène du bord, pour cela :

Si on a utilisé le tuyau «КШП», brancher le tuyau « КШ-56 »(KSCH-56), qui permet la liaison avec le circuit d'oxygène du bord , sur un raccord libre de T du dispositif de distribution «КП-58А» (KP-58A), et déconnecter le tuyau «КШП»,
Si on a utilisé le bloc portable d'oxygène «КП-21» (KP-21), il faut fermer la vanne du bloc avant de le déconnecter du dispositif «КП-58А» (KP-58A)

Dans le cas où des plongeurs-parachutistes se sentent mal, il faut prévenir l'équipage , et se connecter rapidement sur l'équipement «КП-58А», les plongeurs-parachutistes disposent de sources d'oxygène supplémentaires par les équipements portatifs «КП-21» ou les ensembles de tuyaux «КШП».

Remarque :

Si la mission prescrit une altitude de vol de l'avion (hélicoptère) jusqu'à 3500 mètres, les équipements d'oxygène pour haute altitude : «КП-58А» (KP-58A), « КШ-56 »(KSCH-56), «КШП», «КП-21» (KP-21), tuyau annelé et mécanisme de rinçage ne peuvent pas être utilisés.

Dans ce cas, le plongeur respire l'air environnant et s'équipe avec l'appareil avant de quitter l'avion avec un parachute comme dans des conditions terrestres

8.4   Pour quitter l'avion en vol

Pour sauter de l'avion (hélicoptère) , les plongeurs parachutistes passent sur la respiration par l'appareil IDA-71 après le commandement : « Préparation ! » (« ПРИГОТОВИТЬСЯ»)

Pour cela : en premier lieu commuter le papillon du boîtier de l'embout sur la position « НА АППАРАТ » (vers l'appareil), et seulement après cela déconnecter le tuyau annelé reliant l'embout au système de distribution d'oxygène de l'aéronef.

Dans le cas où par la suite le commandement : « Retournez à vos places ! » (« ОСТАВИТЬ») est donné, les plongeurs parachutistes retournent à leur place, et reprennent à nouveau le dispositif «КП-58А» (KP-58A), sur lequel ils reconnecteront leur équipement de plongeur, en connectant le dispositif à l'embout par le tuyau annelé, et seulement après cela ils commuteront le papillon du boîtier de l'embout sur la position « НА ВОЗДУХ » (vers l'atmosphère) pour être alimenté à nouveau par le dispositif «КП-58А» (KP-58A),

9. Dépose, montage et démontage de l'équipement

Lorsque la mission est terminée, l'appareil doit être nettoyé avec de l'eau douce et les traces de sel doivent être éliminées avec un chiffon humide. L'appareil est déchargé, démonté, séché et réassemblé. Pour protéger les pièces en caoutchouc contre l'effet destructeur des rayons ultra-violets et infra-rouge, l'appareil ne doit pas être séché au soleil

9.1   Pour décharger l'équipement

• Retirer les cartouches de régénération;

• Vider la substance usée "O-3" (O-Z) et l'absorbeur " ХП-И " (HP-I) , enlever les blocs avec « BHB-1» (VNV-1) de la cartouche de régénération. Afin de ne pas endommager la soudure, les cartouches de régénération et le boîtier ne doivent ni être enfoncés ni bosselés

• Nettoyer la cartouche ou le boîtier avec de l'eau chaude puis sécher complètement.

9.2   Montage et démontage de l'équipement

(a) L'appareil est démonté dans l'ordre suivant:
 o Retirer le couvercle de l'appareil IDA-71;
 o Retirer la cartouche de régénération;
 o Démonter le boîtier de l'embout avec les tuyaux annelés;
 o Retirer la bouteille d'oxygène, pour cela :
 Fermer le robinet de la bouteille, purger l'oxygène sous pression du système en appuyant sur la membrane du détendeur et détacher les tuyaux du dispositif de couplage;
 o Débrancher les tuyaux annelés du boîtier de l'embout.

(b) Montage et démontage du Boîtier de l'embout (figure 7)

Le processus de démontage et de réassemblage est le suivant:

 o Desserrez les écrous filetés de blocage pour le raccordement des tuyaux annelés au boîtier de l'embout;
 o Presser légèrement les supports des valves en mica pour les dégager du logement et les retirer avec précaution;
 o Dévisser la vis du papillon de manoeuvre de l'embout, et retirer du boîtier l'ensemble de commutation (élément 9);
 o Rincer toutes les pièces du boîtier de l'embout et les tuyaux annelés (à l'intérieur) avec de l'eau potable et les sécher;
 o Avant de réassembler laver toutes les parties internes avec de l'alcool isopropylique et essuyer avec un chiffon propre;

o Graisser la partie conique de l'ensemble de commutation avec de la graisse compatible oxygène ВНИИ НП-282 ТУ38-101274-72, et l'ajuster dans le boîtier de l'embout, fixer le joint d'étanchéité, le papillon de manoeuvre, le ressort, le capuchon au moyen de la vis. Effectuer quelques tours du papillon de commutation, et vérifier si le papillon tourne librement..

o Ajuster les supports des valves mica dans les rainures des sièges, et ensuite pousser délicatement les valves mica dans leur logement et raccorder les tuyaux annelés au boîtier de l'embout au moyen des écrous filletés.

La lubrification des valves du boîtier d'embout est interdite avec des graisses quelconque , sauf avec la graisse spéciale ВНИИ НП-282 pour oxygène.

c) Montage et démontage du sac respiratoire, du détendeur et de la soupape de sécurité du sac respiratoire

Le démontage du détendeur du sac respiratoire et la soupape de surpression s'effectuent sans retrait du sac respiratoire.

Pour effectuer le démontage il faut:

o Dévisser la bague filetée (post 6, fig. 13) du détendeur et enlever la grille et la membrane (post 5);

o Dévissez le couvercle (post 5, fig. 14) de la soupape de surpression du sac respiratoire, retirez le ressort et la membrane (post 2) avec le disque.

Pour effectuer le réassemblage il faut:

o remonter de façon étanche la membrane dans le boîtier du détendeur;

o Installer la soupape de sécurité comme indiqué dans la figure 14;

Remettre le couvercle (post 5) sans serrer trop fort!

d) Nettoyage du bloc et du détendeur

La bloc avec son détendeur ne sont pas démontés après l'utilisation, mais seulement rincés avec de l'eau douce dans l'état complètement assemblé. Après le nettoyage, tous les restes d'eau doivent être essuyés de l'intérieur du couvercle du detendeur, où se trouve le ressort (figure 12). La partie intérieure est purgée avec un jet d'air jusqu'à séchage complet. L'extérieur du détendeur et du bloc sont essuyés avec un chiffon propre.

Après le nettoyage, le bloc est rempli d'oxygène en utilisant le raccordement du détendeur selon la méthode décrite au point 7.1.1.

e) Assemblage de l'appareil

o Raccordez les cartouches de régénération remplies au sac respiratoire; en vérifiant aussi la présence des joints en caoutchouc dans les bagues de raccordement. Les cartouches de régénération doivent être raccordées hermétiquement au le sac respiratoire.

o Vérifier le bloc d'oxygène, et attacher le bloc et les cartouches de régénération avec les sangles.

o connecter le tuyau du détendeur à l'élément de séparation;

o Raccorder le boîtier de l'embout avec les tuyaux annelés au sac respiratoire;

o Commuter le papillon sur « НА ВОЗДУХ » (sur ambiance)

et fermer le couvercle

Remarque:

1) Après chaque 10 opérations de plongée, tous les garnitures en caoutchouc doivent être graissées.

2) Si une couche de sel sur les pièces métalliques ne peut pas être enlevé avec un chiffon humide, il est recommandé de l'enlever avec un chiffon trempé dans une solution de vinaigre à 9%.

3) Lors de la fermeture du boîtier de l'appareil, surtout lors de la mise en place de la bouteille d'oxygène, il est nécessaire de procéder avec précision et avec la prudence nécessaires pour préserver le sac respiratoire, afin d'éviter que le bloc d'oxygène n'endommage les pièces qui se trouvent à l'intérieur du sac respiratoire ou en dessous.

Le non-respect de cette règle peut conduire à la déchirure du sac respiratoire, et donc. à une fuite, qui rend l'appareil inutilisable

10. Remède en cas de dysfonctionnement et en cas de défauts

Table 3

No.	Faute ou dommage	Constatations	Causes et risques	Procédure deSolution
1.	Fuite à la valve à la demande (Fig. 13).	Avec le robinet du bloc d'oxygène ouvert, le sac respiratoire se remplis en continu.	a) Le siège de la valve (pos 3) est sale. b) Le siège de la valve (pos 3) est endommagè.	a) démonter la valve (pos. 3) et purger. b) Remplacer la valve; ensuite, vérifier la résistance du bypass automatique selon 7.5.2.
2.	Fuite au raccord entre le siège de la valve à la demande et le boîtier (fig. 13).	Avec le robinet du bloc d'oxygène ouvert, le sac respiratoire se remplis en continu	a) La bague (pos 13) est dévissée. b) Le siège(pos 1) est. défectueux	a) Resserrer la bague (pos. 13). b) Remplacer le siège.
3.	Fuite au robinet (pos. 9) du détendeur d'oxygène	a) Fuite de gaz à la valve de surpression b) Augmentation continue de la pression à la sortie du détendeur (sans consommation)	Le siège de la valve (pos 9), est endommagé ou sale	Remplager le robinet (pos 9); Vérifier la pression d'oxygène à la sortie du détendeur (sans consommation). selon le point 7.5.2.

Suite de la table 3

No.	Faute ou dommage	Constatations	Causes et risques	Procédure deSolution
4.	La pression au détendeur (sans consommation) est trop haute (fig. 12).	La résistance à la valve à la demande rend la respiration. difficile	La pression du ressort (pos 6) est mal réglée.	Ajuster le ressort, pour que la pression à la sortie du détendeur (sans consommation) soit de 6Bar, et avec une consommation de 40L/min soit de 4.2 - 4.6Bar.
5.	La pression au détendeur (sans consommation) est trop basse (fig. 12).	Trop peu d'oxygène pour la respiration n'est délivré par. la valve	La pression de ressort (pos 6) est mal réglée.	Ajuster le ressort, pour que la pression à la sortie du détendeur (sans consommation) soit de 6Bar, et avec une consommation de 40L/min soit de 4.2 - 4.6Bar.
6.	Fuite aux valves du Boîtier de l'embout . (fig. 7).	Visible en examinant l'état des valves et leur montage.	La valve (pos 1) ou (pos 8) Est endommagée	Remplacer la valve (pos 1) ou (pos 8), Vérifier le montage des valves en mica et l'étanchéité des tuyaux annelés selon le point 7.2.6.
7.	La valve de surpression du sac respiratoire ne Fonctionne pas (fig. 14).	En pressant sur le sac respiratoire quand il est remplis, il n'y a pas De gaz enexcès qui sort de la Valve de surpression	La membrane (pos 2) colle sur le siège.	Démonter la valve et nettoyer la Membrane et le siège ; réassembler et essayer selon le point 7.5.2.

Suite de la table 3

No.	Faute ou dommage	Constatations	Causes et risques	Procédure deSolution
8.	Fuite au robinet (pos 15, fig. 20) du Détendeur Nitrox	a) Fuite à la valve de surpression b) Augmentation continue de la pression à la sortie du détendeur (sans consommation).	Le siège du robinet (pos 15) est endommagé ou sale	Remplacer le robinet (pos 15), Vérifier selon le point 7.5.5
9.	Fuite au robinet du détendeur d'oxygène en position "ЗАКРЫТО" ("Fermé")(fig. 12)	Quand le robinet est fermé le manomètre indique une pression et du gaz sort de la valve à la. demande	Le siège du robinet (pos 2) est endommagé	enlever et remplacer le siège (pos 2).du robinet
10.	Fuite au robinet du détendeur de Nitrox en position "ЗАКРЫТО" ("Fermé") (fig. 20)	Quand le robinet est fermé le manomètre indique une pression et du gaz sort de la valve à la. demande	Le siège du robinet (pos 2) est endommagé	enlever et remplacer le siège (pos 2).du robinet
11.	Fuite au robinet du détendeur d'oxygène en Position "ОТКРЫТО" ("Ouvert") (Fig 12)	Fuite constante d'oxygène au robinet	Le robinet (pos 1) a été ouvert accidentellement	Essayer de l'ouvrir (Pos.1) et vérifier sa position.

Suite de la table 3

No.	Faute ou dommage	Constatations	Causes et risques	Procédure deSolution
12.	Fuite au robinet du détendeur Nitrox en Position "ОТКРЫТО" ("Ouvert") (fig. 20).	Fuite constante de Nitrox au robinet	Le robinet (pos 1) a été ouvert accidentellement	Essayer de l'ouvrir (Pos.1) et vérifier sa position.
13.	Fuite aux valves (pos 11) du coupleur avec le robinet du bloc oxygène ouvert et Sans raccordement du Dispositif de rinçage ni du Coupleur du bloc Nitrox (fig17)	Bulles sortant du coupleur en immersion sous eau	les sièges des valves (pos. 11) sont sales	Devisser le couvercle (pos 7), Nettoyer les pieces (pos 11), remplacer les sièges.
14.	Fuite au coupleur avec le Robinet du bloc d'oxygène ouvert (Abb. 18).	Bulles à l'O-rings du coupleur en immersion Sous eau	a) les surfaces du coupleur sont sales b) Les O-rings (pos 5) du Coupleur sont défectueux.	a) Déconnecter le coupleur et, nettoyer les surfaces avec chiffon propre et lubrifier les. O-rings b) Remplacer les O-rings et .les lubrifier

103

Suite de la table 3

No.	Faute ou dommage	Constatations	Causes et risques	Procédure deSolution
15.	Supprimé dans le manuel de 1972			
16.	A l'ouverture du robinet du bloc d'oxygène et du bloc Nitrox , il ne se produit pas de rinçage à l'oxygène	Le sac respiratoire ne se gonfle pas.	Pas d'herméticité à la buse pos 21, sur le raccord (fig. 21).	Resserrer la buse 21 sur le raccord (fig. 21).
17.	Le rinçage se produit spontanément dès l'ouverture du robinet du bloc Nitrox;	Le sac respiratoire se gonfle tout seul	perte d'herméticité du, senseur pos 14 ou de la vanne 9 (fig. 21)	Dispositif de rinçage à à envoyer pour réparation ou remplacer le senseur
18.	La résistance ou la performance du détendeur du contre-poumon n'est pas correctement ajustée (fig 13)	Détecté lors de l'essai de l'équipement avec l'appareil ПКУ-1 (PKU-1)	le réglage du détendeur du contre-poumon est incorrect	Pour effectuer l'ajustement, il faut dévisser la bague de blocage 6 et enlever la rondelle14, la grille 15, et la membrane 5 (fig 13) a) La valeur de la dureté du détendeur est réglée par la vis 12, et la contre-

Suite de la table 3

No.	Faute ou dommage	Constatations	Causes et risques	Procédure deSolution
				Vis 16, qui doit porter et être bloquée
				En tournant la vis 12 vers la droite Avec un tournevis à travers le trou dans le levier 7, on diminue la dureté - la résistance augmente avec la rotation dans le sens anti-horlogique
				b) Le fonctionnement dépend de la vanne 3, qui est commandée par la vis 18 (avec le contre-écrou 20). L'écrou 19 doit être déserré et Affleurer l'extrémité de la tige 9, et le réglage de l'écrou 17 est à effectuer avant de serrer l'écrou 19

11.   <u>Emballage, Entreposage et Transport</u>

11.1   Emballage

L'emballage est effectué de la façon suivante :

a) Placer l'appareil dans son sac.
b) L'ensemble de l'équipement est placé dans le coffret d'emballage.
c) Le coffret d'emballage est au préalable tapissé avec du papier bitumé ГОСТ 515-66
d) Le couvercle de la boîte d'emballage doit être étiqueté :
«ВЕРХ» (« HAUT »), «ОСТОРОЖНО» (« ATTENTION ») , «НЕ КАНТОВАТЬ» (« NE PAS LAISSER TOMBER !!! »)
Sur les parois latérales du coffret, une étiquette «РЮМКА» (« FRAGILE ») doit être apposée
.

11.2   Stockage

a) Avant tout stockage de longue durée, les points suivants doivent être respectés:

- Les bouteilles d'oxygène doivent être remplies avec le gaz approprié à une pression de 20 - 40 kgf / cm2, les vannes doivent être fermées.
- Les bouteilles deNitrox doivent être remplies avec le gaz approprié à une pression de 20 - 40 kgf / cm2, les vannes doivent être fermées.
- Les cartouches de régénération et les boîtiers doivent être rincées et séchées, ils ne doivent pas être remplies de substances chimiques
- Tous les tuyaux et les raccords divers doivent être stockés dans le coffret d'emballage.

b) Conservez l'appareil dans une pièce sèche et ventilée à une température de 5 ° C à 20 ° C et à une humidité de 50 à 60%.

c) Il est strictement interdit de stocker l'appareil dans une pièce avec de l'essence, du kérosène, de l'huile, de la graisse et tout autre matériau pouvant endommager les pièces en caoutchouc.

d) Pour protéger le caoutchouc de l'action destructrice de la lumière, il est nécessaire de garder l'appareil hors du rayonnement du soleil, et les vitres du dépôt doivent être recouvertes d'une couche de peinture blanche ou recouvertes d'un tissu dense

e) Les rayonnages doivent être équipés de supports et situés à 0,75 m de la paroi du mur et à au moins 2 m des appareils de chauffage.
Les passages entre les étagères doivent être d'au moins 1 m de large

f) Les cloisons formant les étagères doivent être fabriquées à partir de lattes séparées, ce qui permet une meilleure ventilation pendant le stockage.
Les appareils complets stockés dans des entrepôts seront soumis à des contrôles et des essais conformément à la section 12

11.3 Transport

Les ensembles d'appareils, emballés conformément à la clause 11.1 de la présente section, peuvent être transportés par tous les types de transport.

Si le transport est effectué sur des moyens de transport ouverts, les caisses avec l'appareil doivent être protégées des effets des précipitations atmosphériques, tandis que le transport par mer doit être effectué dans la cale du navire.

Le transport avec de l'essence, du kérosène, des huiles, des acides, des alcalis et d'autres substances nocives pour le métal et le caoutchouc n'est pas autorisé.

Pendant le transport, ainsi que pendant le déchargement ou le chargement, toutes les précautions doivent être prises conformément aux marquages et aux étiquettes sur les caisses d'emballage.

12. <u>Inspections périodiques et vérifications recommandées</u>

Lorsque l'appareil et tous les accessoires sont en fonctionnement réguliers, il faut inspecter toutes les pièces principales et les raccords tous les 2 mois.
Lorsqu'il est stocké, l'appareil doit être vérifié une fois par an pour les défauts externes et en totalité.

12.1 Au cours de l'entretien de l'équipement en état de fonctionnement technique, tous les ensembles d'appareils en service et en stockage dans les entrepôts sont soumis aux inspections périodiques et aux vérifications recommandées , spécifiées dans le tableau 4 (marquage "+" indique le travail nécessaire);

No.	Nom du travail	Ensemble d'appareil en service	Ensemble d'appareil en entreposage
		Fréquence du travail	
		tous les 2 mois	tous les 1 an
1	Vérification de l'ensemble et de l'absence de dommages externes	+	+
2	Vérification de l'alimentation en oxygène du bloc de l'équipement	+	
3	Vérifiez l'étanchéité des chambres haute et basse pression	+	
4	Vérification de l'étanchéité des valves de mica de l'embout	+	
5	Vérification de la résistance du détendeur du sac respiratoire et de ses performances	+	
6	Contrôle du réglage de la pression (statique) dans le détendeur d'oxygène (pression à la sortie du détendeur sans débit)	+	
7	Vérification du début d'ouverture de la valve de surpression (soupape de sécurité du sac respiratoire)	+	
8	Vérification de la résistance de la valve de surpression (soupape de sécurité du sac respiratoire)	+	
9	Vérification de l'intégralité et de l'état externe des éléments	+	
10	.....		
11	Contrôle du fonctionnement et du réglage des ensembles bouteille Nitrox	+	
12	Vérification du fonctionnement de l'initialiseur	+	
13	Vérification du fonctionnement des tuyaux annelés	+	

13. Procédure technique des inspections périodiques et des essais

Tableau 5

N°	Nom du travail	Liste des opérations techniques pour l'exécution du travail	Liste des équipements de vérification, des outils et instruments
1	Vérification de l'ensemble et de l'absence de dommages externes	Selon la procédure indiquée p.7.2.1 de cette description technique et instructions d'utilisation	
2	Vérification de l'alimentation en oxygène du ballon de l'appareil	Selon la procédure indiquée p.7.2.2 de cette description technique et instructions d'utilisation	
3	Vérifiez l'étanchéité des chambres haute et sans pression	Selon la procédure indiquée p.7.2.5 de cette description technique et instructions d'utilisation	
4	Vérification de l'étanchéité des valves en mica de l'embout	Selon la procédure indiquée p.7.2.6 de cette description technique et instructions d'utilisation	
5	Vérification de la résistance du détendeur pulmonaire et de ses performances	Selon la procédure définie au § 7.5.2, et son sous-paragraphe de cette description technique et le mode d'emploi	Installation de PKU-1 et des dispositifs fournis pour la procédure.
6	Contrôle du réglage de la pression (statique) dans le détendeur d'oxygène (pression à la sortie du réducteur sans débit)	Selon la procédure définie au § 7.5.2, et son sous-paragraphe de cette description technique et le mode d'emploi	Installation de PKU-1 et des dispositifs fournis pour la procédure.
7	Vérification du début d'ouverture de la vanne de surpression (soupape de sécurité du sac respiratoire)	Selon la procédure définie au § 7.5.2, et son sous-paragraphe de cette description technique et le mode d'emploi	Installation de PKU-1 et des dispositifs fournis pour la procédure.

N°	Nom du travail	Liste des opérations techniques pour l'exécution du travail	Liste des équipements de vérification, des outils et instruments
8	Vérification de la résistance de la soupape de surpression (soupape de sécurité du sac respiratoire)	Selon la procédure définie au § 7.5.2, et son sous-paragraphe de cette description technique et le mode d'emploi	Installation de PKU-1 et des dispositifs fournis pour la procédure.
9	Vérification de l'intégralité et de l'état externe des éléments de l'équipement	Selon la procédure indiquée p.7.5.1 de cette description technique et instructions d'utilisation	
10	supprimé du manuel de 1972		
11	Contrôle du fonctionnement et du réglage de l'ensemble du bloc Nitrox	Selon la procédure indiquée p.7.5.4 de cette description technique et instructions d'utilisation	
12	Vérification du fonctionnement de l'initialiseur	Selon la procédure indiquée p.7.5.7 de cette description technique et instructions d'utilisation	
13	Vérification de l'état des tuyaux annelés	Selon la procédure indiquée p.7.3.1 de cette description technique et instructions d'utilisation	